“环保管家”服务案例选编系列丛书

“环保管家”服务案例选编

（第一辑）

中国环境保护产业协会环境影响评价行业分会 编

中国环境出版集团·北京

图书在版编目（CIP）数据

“环保管家”服务案例选编. 第一辑/中国环境保护产业协会环境影响评价行业分会编. —北京：中国环境出版集团，2018.6（2022.8 重印）
（“环保管家”服务案例选编系列丛书）
ISBN 978-7-5111-3670-1

Ⅰ. ①环…　Ⅱ. ①中…　Ⅲ. ①环境综合整治—案例—中国　Ⅳ. ①X3

中国版本图书馆 CIP 数据核字（2018）第 102079 号

出 版 人　武德凯
责任编辑　孔　锦
责任校对　任　丽
封面设计　岳　帅

出版发行　中国环境出版集团
（100062　北京市东城区广渠门内大街 16 号）
网　　址：http://www.cesp.com.cn
电子邮箱：bjgl@cesp.com.cn
联系电话：010-67112765（编辑管理部）
010-67112735（第一分社）
发行热线：010-67125803，010-67113405（传真）

印　　刷　北京中科印刷有限公司
经　　销　各地新华书店
版　　次　2018 年 6 月第 1 版
印　　次　2022 年 8 月第 3 次印刷
开　　本　787×960　1/16
印　　张　12.5
字　　数　230 千字
定　　价　45.00 元

“环保管家”服务案例选编（第一辑）
编辑委员会

序

党的十八大以来，党中央、国务院把生态文明建设摆在重要的战略位置，纳入“五位一体”总体布局，并成为国家战略。党的十九大报告指出，建设生态文明是中华民族永续发展的千年大计。我们要建设的现代化是人与自然和谐共生的现代化，既要创造更多物质财富和精神财富以满足人民日益增长的美好生活需要，也要提供更多优质生态产品以满足人民日益增长的优美生态环境需要。

推进供给侧结构性改革是党中央、国务院做出的重大决策部署，对于提高社会生产力水平，不断满足人民日益增长的美好生活需要、良好生态环境需要和解决发展不平衡不充分具有十分重要的意义。

环境问题是人类现代化进程中面临的一项重大挑战，优美环境是人类的重要福祉，美丽中国是中国梦的重要内容。当前，我国生态环境保护责任重大，工业化、城镇化、农业现代化的任务尚未完成，生态环境保护仍面临巨大压力。污染物排放量大面广，城乡环境公共服务差距较大，治理和改善任务艰巨，产业结构和布局不尽合理，局部生态环境风险高，重发展轻保护现象仍时有发生。

近年来，随着中央环保督察和地方环保督察工作的推进和环保标准加严、环境执法趋紧、环境问责力度加大，全社会的环境需求持续释放，环境服务业发展预期稳步上升。

2016 年 4 月，环境保护部印发了《关于积极发挥环境保护作用促进供给侧结构性改革的指导意见》，明确提出“推进环境咨询服务业发展，鼓励有条件的工业园区聘请第三方专业环保服务公司作为‘环保管家’，向园区提供监测、监理、环保设施建设运营、污染治理等一体化环保服务和解决方案。”

“环保管家”概念的提出与发展，是深化环境保护供给侧结构性改革，积极发挥环境保护作用，着力改善环境质量，补齐生态环境短板，转变管理思路的重要举措之一。环境质量的改善和环境污染的治理既是持久战也是攻坚战。解决生态环境问题，保护绿水青山，既要知“已病”、治“已病”，也要防“未病”。

生态环境问题的解决手段正在从片段式、单一化、末端化，向综合化、科学化、系统化发展，要充分发挥政府、企业、社会组织和公众等各方力量，共同承担起生态环境保护的责任，推动绿色发展方式和生活方式的形成。

为共享近年来以环保管家为代表的环境综合服务案例，及时总结环保管家服务模式，中国环境保护产业协会环境影响评价行业分会组织出版了《“环保管家”服务案例选编系列丛书》。该丛书汇集了一批最新的环境综合服务成果，具有较强的指导性和实用性。丛书的组织出版，是对环境影响评价行业分会自 2016 年以来引领环境咨询行业转型发展初步成果的检验，是对会员单位开展环保管家服务的阶段性总结，对进一步提升环境咨询机构环境综合服务水平和服务能力，具有十分重要的意义。

前　言

针对当前环境综合服务的特点和需求，为进一步培育和营造良好的环保管家服务环境，增强生态环境领域的服务能力，创新环保管家服务模式，丰富服务内容，引领行业的供给侧结构性改革，集中宣传展示和推广环境综合服务的创新成果，中国环境保护产业协会环境影响评价行业分会向会员全面征集环保管家服务案例，并在此基础上汇编形成了环保管家服务案例。

本书根据环保管家服务的对象，将征集的服务案例分为县域环保管家服务案例、园区环保管家服务案例、企业环保管家服务案例、乡镇环保管家服务案例及其他服务案例。

与传统的环境服务不同，以环保管家为代表的环境综合服务具有服务对象的广泛性、服务内容定制化的特点。

本《案例》由中国环境保护产业协会环境影响评价行业分会策划并组织实施，通过对环保管家服务过程中的服务内容、服务成果和服务启示等较为详细的描述，以及服务启示和案例点评，希望能够为环境咨询机构、从业人员和环境服务需求侧提供参考和借鉴。

由于环保管家服务尚处于探索积累阶段，服务模式、服务深度都有较大提升空间，另受编者水平所限，疏漏与不妥之处在所难免，恳请广大读者批评指正。在《案例》编撰过程中，得到了有关部门的悉心指导，得到会员单位的大力支持，在此一并表示衷心感谢！

目　录

第一章
环保管家概述

第一节　环保管家的由来及政策保障

一、环保管家的由来

2016 年 4 月，环境保护部印发了《关于积极发挥环境保护作用促进供给侧结构性改革的指导意见》（环大气〔2016〕45 号），提出：“推进环境咨询服务业发展，鼓励有条件的工业园区聘请第三方专业环保服务公司作为‘环保管家’，向园区提供监测、监理、环保设施建设运营、污染治理等一体化环保服务和解决方案。”

这是环保管家作为一种服务模式，首次出现在正式文件中，是“环保管家”作为一个专有名词，第一次正式进入社会视野。

近年来，随着环境服务业的发展，陆续出现了环保顾问、环保医生、环境保姆、环境先生、环境智库等一系列的称谓，这些都是对环境服务的不同表述，本质上都是在环境保护供给侧改革领域的具体实践。

党的十八大以来，中央环保督察方案、生态文明体制改革总体方案等生态环保领域一系列顶层设计文件的密集出台和迅速落实，“我国生态环境保护从认识到实践发生了历史性、转折性、全局性变化，思想认识程度之深、污染治理力度之大、制度出台频度之密、执法督察尺度之严、环境改善速度之快前所未有”。在这样的时代背景下，生态环境服务的需求空前爆发，各级政府、各类园区、生产企业都需要谋求第三方环境服务机构解决现实环境问题。这是环保管家服务模式受到广泛欢迎和接纳的主要原因。

在生态环境部正式挂牌成立，统筹“山水林田湖草”监管，环境质量只能改善不能恶化的新形势下，单一的环境咨询、环保产品和环境治理技术已不能完全满足现实需求，以“环保管家”为代表的环境综合服务是今后一个时期环境咨询的主要服务模式，对推进我国环境治理体系和治理能力现代化具有积极意义。

二、环保管家服务的政策保障

党的十八大报告提出了推进“经济结构战略性调整，牢牢把握发展实体经济这一坚实基础，实行更加有利于实体经济发展的政策措施，强化需求导向，推动战略性新兴产业、先进制造业健康发展，加快传统产业转型升级，推动服务业特别是现代服务业发展壮大，合理布局建设基础设施和基础产业”。这些都为服务领域的发展指明了方向。

近年来，国家在支持和鼓励环境服务业发展方面出台了一系列政策文件，主要包括：

1.《服务业发展“十二五”规划》

为落实《中华人民共和国国民经济和社会发展第十二个五年规划纲要》要求，指导我国服务业发展的总体部署，2012 年 12 月 1 日，国务院印发了《服务业发展“十二五”规划的通知》（国发〔2012〕62 号），正式提出了“重点发展集研发、设计、制造、工程总承包、运营及投融资于一体的综合环境服务，着力培育综合环境服务龙头企业。推进环境咨询、环境污染责任保险、环境投融资、环境培训、清洁生产审核咨询评估、环保产品认证评估等环保服务业发展。加快培育环境顾问、监理、监测与检测、风险与损害评价、环境审计、排放权交易等新兴环保服务业。推动环保技术成果的转化和应用，开展关键技术工程示范，加快环境科技创新平台建设，完善环保服务业标准体系。‘十二五’时期，采用合同能源管理机制的节能服务业销售额年均增长 30%。到 2015 年，节能服务业总产值突破 3 000 亿元，环保服务业产值超过 5 000 亿元”。

2.《关于推行环境污染第三方治理的意见》

第三方治理是推进环保设施建设和运营专业化、产业化的重要途径，是促进环境服务业发展的有效措施。

2014 年年底，国务院办公厅印发了《关于推行环境污染第三方治理的意见》（国办发〔2014〕69 号），提出了“以市场化、专业化、产业化为导向，营造有利的市场和政策环境，改进政府管理和服务”的指导思想。提出了“坚持排污者付费、坚持市场化运作和坚持政府引导推动”三个方面的基本原则。在推进环境公用设施投资运营市场化、创新企业第三方治理机制、强化政策引导和加强组织实施等方面提出了明确的指导意见。

随着环境污染治理第三方服务发展的深入，截至 2017 年年底，环境保护部和 18 个省、自治区、直辖市人民政府陆续出台了配套文件。各、省自治区、直辖市出台积极开展环境污染第三方治理的相关文件的包括：

（1）2014 年 8 月，上海市政府印发《关于加快推进环境污染第三方治理工作指导意见》（沪府发〔2014〕68 号）；

（2）2015 年 4 月，安徽省人民政府办公厅印发《推行环境污染第三方治理的实施意见》（皖政办〔2015〕22 号）；

（3）2015 年 5 月，吉林省人民政府办公厅印发《关于推行环境污染第三方治理的实施意见》（吉政办发〔2015〕23 号）；

（4）2015 年 5 月，河北省人民政府办公厅印发《关于推行环境污染第三方治理的实施意见》（冀政办发〔2015〕17 号）；

（5）2015 年 7 月，山西省人民政府办公厅印发《山西省推行环境污染第三方治理实施方案》（晋政办发〔2015〕50 号）；

（6）2015 年 7 月，陕西省人民政府办公厅印发《加快推进环境污染第三方治理实施方案的通知》（陕政办发〔2015〕70 号）；

（7）2015 年 9 月，黑龙江省人民政府办公厅印发《关于推行环境污染第三方治理的实施意见》（黑政办发〔2015〕56 号）；

（8）2015 年 10 月，甘肃省人民政府办公厅印发《推行环境污染第三方治理的实施意见》（甘政办发〔2015〕147 号）；

（9）2015 年 12 月，河南省人民政府办公厅印发了《河南省推行环境污染第三方治理实施方案的通知》（豫政办〔2015〕149 号）；

（10）2015 年 12 月，福建省人民政府印发了《推进环境污染第三方治理的实施意见》（闽政〔2015〕56 号）；

（11）2015 年 12 月，四川省人民政府办公厅印发《推行环境污染第三方治理的实施意见》（川办发〔2015〕102 号）；

（12）2015 年 12 月，青海省人民政府办公厅印发《加快推行青海省环境污染第三方治理的实施意见》（青政办〔2015〕207 号）；

（13）2016 年 1 月，海南省人民政府关于印发《推行环境污染第三方治理实施方案的通知》（琼府〔2016〕10 号）；

（14）2016 年 1 月，云南省人民政府办公厅印发《推行环境污染第三方治理的实施意见》（云政办发〔2016〕8 号）；

（15）2016 年 2 月，广西壮族自治区人民政府办公厅印发《广西环境污染第三方治理实施细则》（桂政办发〔2016〕5 号）；

（16）2016 年 4 月，北京市人民政府办公厅印发《关于推行环境污染第三方治理的实施意见》（京政办发〔2015〕53 号）；

（17）2016 年 5 月，广东省人民政府办公厅印发《加快推进我省环境污染第三方治理工作的实施意见》（粤府办〔2016〕45 号）；

（18）2016 年 7 月，内蒙古自治区人民政府办公厅印发《推行环境第三方治理和服务实施方案（试行）的通知》（内政办发〔2016〕43 号）。

一些地市也陆续出台相关文件，从政策层面指导地方开展环境污染第三方治理工作。

2017 年 8 月，环保境保护部印发了《关于推进环境污染第三方治理的实施意见》（环规财函〔2017〕172 号）。提出“培育企业污染治理新模式。积极推行资源化处置方式，探索效益共享型环境绩效合同服务模式。鼓励第三方治理单位提供包括环境污染问题诊断、污染治理方案编制、污染物排放监测、环境污染治理设施建设、运营及维护等活动在内的环境综合服务。鼓励研发和推广环境污染治理新技术新工艺，降低第三方治理成本。以工业园区等工业集聚区为突破口，鼓励引入第三方治理单位，对区内企业污水、固体废弃物等进行一体化集中治理。以《“十三五”生态环境保护规划》确定的造纸、建材等十五个高污染行业为切入点，鼓励引入第三方治理单位开展专业化污染治理，以多种形式实践第三方治理模式”。

以上政策文件的出台，为以“环保管家”为代表的环境综合服务提供了重要政策保障。

第二节　环保管家服务的定义

环保管家服务是以践行绿色发展理念、改善生态环境质量为核心，以推动形成绿色发展方式和生活方式为目标，以环保供给侧改革为契机，以环境保护需求和环境问题的有效解决为导向，以定制化创新服务为核心驱动力的环境综合服务。

环保管家服务是环境综合服务的新模式。党的十九大报告提出，着力解决突出环境问题，坚持全民共治，构建政府为主导、企业为主体、社会组织和公众共同参与的环境治理体系。开展好环保管家服务工作，需要对环境保护相关领域资源调配、整合和优化，共同开展服务。

环保管家是主动性服务，具有长期性、预防性特点，环保管家更强调在服务的过程中深入挖掘需求、解决实际问题，通过在服务过程中提供环境问题的整体解决方案，体现“预防为主，防治结合”的原则，做到咨询服务+系统预防+科学治理。

严格意义上讲，环保管家服务刚刚起步，环保管家服务理念正在形成，环保管家服务的内涵也在逐步丰富，环保管家服务的定义会随着实践和探索的不断深入，逐渐丰满。

第三节　环保管家服务特征与思路

一、环保管家服务的特征

环保管家服务不是环境治理，更不是环境咨询，而是综合服务。具有以下特征。

（一）环保管家服务是系统服务

传统的末端治理和“头痛医头、脚痛医脚”甚至“头痛医脚”的治理方式，不但导致的治理成本增加，治理效果不佳，甚至只是污染形态的变化。环保管家服务应该是系统服务，从解决环境问题单一化、碎片化，向综合化、系统化、科学化发展，为环境服务需求侧提供全方位、全过程、全覆盖的环境服务和解决方案。环保管家服务既是系统解决环境问题的再出发，又是开启环境综合服务的新时代。

（二）环保管家服务是按需服务

环保管家服务是以服务对象环境保护需求和环境问题的有效解决为导向，是根据服务对象的实际环境服务需要，开展污染诊断、环境咨询、排污许可、清洁生产、污染防治、生态保护、工程设计、工程治理等服务。通过不断完善自身的知识储备和技术供给能力，满足需求侧的定制化要求。

（三）环保管家服务是渐进式服务

环境问题不是一朝一夕产生的，而是与发展方式和生活方式密切相关的，环境问题的解决要循序渐进，不可一蹴而就。环境质量的改善和污染治理也是要分步实施，在充分整合各方力量的基础上，通过不断地沟通磨合，提供持续深入的服务，逐步解决环境问题。

（四）环保管家服务是共赢服务

政府、园区、乡镇、企业等所需要的环保服务，一方面是传统的环保服务，如环境影响评价、环境监测、第三方治理等；另一方面从长远发展考虑，更需要环境管理意识和能力建设、环保设施服务的维护和新科技的支持。如通过管家式服务，可全面提升环保管理水平，节约资源能源，减少污染物的排放，树立起良好环境形象。所以说管家式服务并不是单纯的“消费”，而是“共赢”的服务。

（五）环保管家服务是协同服务

环保管家服务的内容众多，需求多样。随着环境保护工作的不断深入，从原来污染“看得见”表象治理，逐步转向对“看不见”深层次污染的宣战。面对的新的环境需求和要解决的环境问题，不是哪一家环保服务企业可以包揽的，而是需要多个环保服务企业通过发挥各自长板优势共同完成，所以说环保管家是协同服务。

二、环保管家的服务思路

环保管家的服务思路是开放的、创新的、包容的和协同的。是以供给侧改革为导向的主动服务、以需求为导向的定制化服务、以绩效目标为考核指标的合同服务、服务成果可复制的长期服务；聚焦法规政策标准咨询等层面的出谋型服务、专注设施运维的出力型服务、提供咨询设计治理投融资等的一条龙解决方案的综合服务。环保管家服务的思路需要积极探索、不断创新和总结推广，需要在经验共享中不断激发创新的活力。

第四节　环保管家服务的主要类型

按照服务对象，环保管家分为城市环保管家、园区环保管家、企业环保管家、乡镇环保管家、流域环保管家等。未来还可能出现景区环保管家、大气环保管家、海洋环保管家、湖泊环保管家、地下水环保管家、应急环保管家、固废环保管家、生态环保管家等。

按照服务内容，环保管家分为基础服务、定制化服务和延伸服务。

按照服务方式，环保管家分为固定常驻服务、巡回流动服务、远程监控服务、协同众包服务或多种方式相结合的服务模式。

第二章

县域环保管家服务案例

案例1　广西北海合浦县环保管家服务

环保管家服务委托方：广西壮族自治区合浦县人民政府

环保管家服务受托方：广西博世科环保科技股份有限公司

广西博环环境咨询服务有限公司

一、环保管家服务的背景

广西北海市合浦县位于北部湾畔，南流江入海口，因“江湖汇集入海之处”而得地名合浦。合浦县具有古代海上丝绸之路的历史底蕴，素有“南珠故郡、海角名区”之美誉，2000多年前就成为汉朝的郡治所在地，是“海上丝绸之路”的最早始发港之一。2017年4月，习总书记到广西考察调研，首站来到合浦县并考察了汉代文化博物馆。当前，合浦县正深入学习贯彻习总书记考察广西系列重要讲话精神，大力弘扬“海丝”文化，奋力写好21世纪海上丝路新篇章。

在经济发展初期，合浦县境内石灰石开采活动频繁，部分海岸带生态环境遭到破坏，造成遗留生态环境问题。2016年中央环保督察组对合浦生态环境问题进行了反馈，随后央视对该问题进行了曝光。广西从自治区、市、县各级党委政府高度重视环保督察问题整改，统一思想认识，深刻反思剖析，以最强硬的铁腕手段，以最严格的督察问责，以零容忍的坚决态度，推动环保督察问题整改到位。

合浦县政府正视问题，不等不靠，态度坚决，立即推进矿坑整改工作。而首要任务就是“把准脉、开良方”，要在最快时间内、在全国范围内筛选聘请一家有资质、有经验、有担当的第三方环境服务机构，完成矿坑生态修复工作。该矿坑整改项目是广西壮族自治区内第一个采用生态修复模式进行海岸带矿坑治理的项目，时间紧、任务重、要求高、难度大，面对如此困难和复杂的局面，广西博世科环保科技股份有限公司（以下简称“博世科环保公司”）挺身而出，凭借其在土壤治理、生态修复、流域综合整治等领域的核心技术、专业人才、良好业绩，顺利中标并以优良的规划设计、优质的工程质量如期完成了任务。

合浦县人民政府吸取矿坑事件问题教训，举一反三、以点带面，在全县范围内彻查环境污染问题，以环保项目建设为抓手，解决一批环境隐患。并在此基础上进一步提出“生态立县”战略，坚定走生产发展、生活富裕、生态良好的文明发展道路，把生态环境保护摆在更加突出的位置。合浦县坚定不移地走“绿水青山就是金山银山”的路子，持续整治生态问题，不断提升生态优势，着力培育生态文化，需要一家有责任、有担当、技术可靠、资金雄厚的环境综合服务企业提供一站式服务。在前期良好的合作基础上，经双方充分磋商，采取政企长期合作、产研结合的路子推进合浦县“生态立县”战略。在此背景下，县域环保管家应时而生。博世科环保公司作为广西本土培育的唯一家创业板上市公司、环境综合服务企业、高新技术企业，能提供咨询、检测、设计、设备制造、治理、修复等一条龙服务，有实力解决突发性、复杂性、严重性、敏感性的棘手问题，当仁不让地成为合浦县域环保管家！

二、环保管家服务的内容

博世科环保公司是广西最大的民间环境保护智库，汇聚环保行业顶尖人才，积极建言献策，围绕环境保护、节能减排、生态建设、清洁生产和循环经济等方面提出解决思路，这是作为县域环保管家的必要基础，合浦县良好的生态资源和特殊的汇河近海地貌，蓬勃的经济发展，以及合浦县政府提出的各项近于严苛的治污、修复、生态建设任务目标，对环保管家而言既是一个巨大的挑战，同时也是做好环保管家服务的强大的动力和保障。

1. 环境应急处置：临危受命、坚决捍卫海岸生态环境

合浦采石矿区修复工程服务范围包括合浦县闸口镇新平村委 8 个采石场 10 个矿坑及周边区域，约 1.24 km^2，涉及红树林湿地保护、废石清理与生态修复工程、水土环境改良、植被重构与巩固、安全与辅助工程，还要兼顾企业转产及周边近海海域渔民生计问题，是一项多维度综合性工程。无论是方案设计，还是施工质量，都要充分考虑多方要求，统筹兼顾，博世科环保公司临危受命，周密处置，精心施工，不懈奋战，在北海市、合浦县有关部门全力支持下，顺利地完成了任务，向督察整改交出了一份满意的销案答卷。

2. 环境持续改善：顶层设计、构建山水林田湖草生命共同体

为构建合浦山水林田湖草生命共同体，奏响“一带一路”绿色发展的和谐乐章，合浦县人民政府加强环境管理顶层设计，引进博世科环保公司担当县域环保管家。

鉴于合浦在广西这座生态宝库中具有极其特殊的地位和重要作用，是南流江水系进入北部湾的重要流域，物种资源丰富、生态系统多样、生态本底良好。但在社会经济发展进程中该区域发展和保护的矛盾依然突出，生态环保历史遗留问题多、诸多生态问题亟待解决。为此，合浦县委县政府改变以往“头痛医头，脚痛医脚”的传统思路，以“保护优先，清污固本”为基本思路，提出围绕维护北部湾近岸海域生态，促进向海经济绿色发展。

目前，合浦县已委托博世科环保公司在全县范围内，对南流江流域、两大水库流域、东片丘陵临海陆域、沿海陆架等片区生态一并进行统筹规划，结合合浦县“山水林田湖草”生态修复工程开展“环保管家”服务。通过修复工程和服务工作的开展，提高区域森林覆盖率和湿地面积保有量，完成石漠化治理、耕地整

治、高标准农田建设和新增耕地工作，倒逼城市黑臭水体比例下降，力促县镇乡村集中式水源地饮水安全水平大幅度提高。

构建“山水林田湖草”生命共同体工程设计既着眼于解决当前突出生态环境问题，又注重生态环境长远健康状态的保持；既考虑生态保护的需要，又注重百姓生产生活，力求走出保护和修复相结合、局部和系统相协调、“山水林田湖草”各要素相照应、环境与发展相促进的生态保护与修复新路，提高南流江流域生态系统健康水平，创新生态保护修复机制，深化生态文明建设，为合浦县与全国同步建成全面小康社会提供坚实的绿色保障。

3. 环境隐患排查：开展环境隐患大排查、园区是关键

工业园区是工矿企业的集中区，是环境污染隐患的高发区，也是环保管家开展工作的前沿阵地，是开展环境隐患大排查和问题诊断的关键。

广西合浦工业园区是自治区级工业园区，入驻企业110家以上，包括电子、生物质能源、制药、海洋生物制品、食品、机械、农副产品深加工、包装印刷及劳动密集型产业等行业，面临废水和废气污染控制的特殊使命。博世科环保公司旗下控股子公司广西博环环境咨询服务有限公司选派经验丰富的环评工程师和环境管理专家，与当地环保主管部门、园区管委会组成排查组，动真碰硬，切实把握发展新常态，践行发展新理念，对园区存在的问题进行“横到边、纵到底”的全域体检，通过对合浦县工业园区数十家重点企业环保手续履行及“三同时”制度执行情况、企业原料使用情况、污染物防治设施运行情况、危险废物管理情况、环境风险隐患应急管理情况等开展环境隐患大排查，并针对排查发现的问题、提出整改建议，为解决企业、园区以及县域的环境隐患提供了可行的整治良方，为地方环保执法提供了技术依据，为广西壮族自治区工业污染源全面达标排放计划在合浦县的落地奠定了坚实的基础。

4. 环境风险防范设施：末端防范、建设园区环境风险防范设施

广西合浦工业园区多家重点企业排放有机废水，防范水污染问题是园区环境风险防范的重点之一。目前，园区工矿企业的工业废水经预处理排放至市政污水管网进入集中污水处理厂后续处理，雨水经市政雨水管网和园区行洪渠排入合浦近海。合浦近海分布养殖水体，对上游来水的水质要求较高，环境较为敏感。为防范水污染问题的出现，合浦县环保主管部门、园区管委会要求园区重点工矿企业自行建设厂内环境应急设施，形成控制环境风险的第一道屏障。同时，博世科环保公司与园区实施了水环境应急设施建设工程，在园区行洪渠末端建设应急闸门，将园区景观湖改为事故池，事故池和园区污水管道连接，形成园区水污染风险控制的第二道屏障。在上游企业发生水污染风险问题时，应急闸门启动，行洪渠受污染雨水紧急抽排至事故池，最后进入污水系统完成处理。

5. 政策解读、完善环保基础设施工程

（1）助力“美丽广西、清洁乡村”，建设合浦县 7 乡镇污水处理项目

博世科环保公司采用 EPC 模式在合浦县白沙镇等 7 个乡镇开展乡镇污水处理工程建设，提供从厂址选址，到进出水设计处理工艺、污水管网配套建设直至后期设备运营等全过程服务。生活污水处理工艺均采用公司自主研发的 ACM 反应器，该反应器拥有 12 项专利技术，具有占地面积小、全地面建设、土建造价低、处理效果好、运行成本低等特点。经处理后出水水质达到《城镇污水处理厂污染物排放标准》（GB 18918—2002）的一级标准的 A 标准。

（2）续写海上丝绸之路新篇章，中标建设县域范围内 3 园区供水、污水工程基础设施建设项目

合浦县是座千年古郡，如今正推动工业强县建设，续写海上丝绸之路的新篇章。工业经济的发展离不开园区供水、污水处理工程等基础设施稳定运行保驾护航。随着北部湾经济的发展，园区基础设施急需进行提标扩容。

在县城总体规划以及工业园区详细规划的框架内，结合园区给排水现状，合理选择预测方法及用水指标，确定供水规模；合理预测排水水质水量，根据进出水水质要求选择处理工艺及处理规模，完善园区基础设施建设，保障居民以及园区用水的同时节约水资源、减少谁环境污染负荷，提高居民生活质量。

6. 优化产业结构，投资环保产业园壮大区域节能环保产业

为充分发挥合浦县在北部湾的区位优势，博世科环保公司在当地投资环保产业园项目，环保产业园项目于 2017 年 10 月开始建设，占地面积 43 040 m^2，总投资 1 亿元。建成后主要生产制造环保管件、ACM 污水处理设备等，以高新技术产业撬动当地绿色经济发展，为节约能源资源、发展循环经济、保护生态环境提供产业物质基础，为“钦北防”地区的绿色发展战略提供保障。

三、环保管家服务成果及效果

1. 采石场生态修复，实现了资源开发与环境保护的一体化

如今的合浦县闸口镇，海岸线上绿草遍地、鲜花绽放，碧水蓝天共一色。2017 年 9 月 30 日由县政府组织专家和各有关单位开展竣工验收，修复后，引进某水产公司承包其中 4 个矿坑，探索发展集生态水产养殖、休闲垂钓、观光旅游、渔业体验为一体的滨海旅游休闲渔业区。这是环境修复领域第一个海岸带综合环境生态修复项目，对探索我国海岸带生态修复技术，保护红树林湿地珍稀生态资源具有重要的实践意义（图 1）。

1#采石坑修复前

1#采石坑修复后

2#采石坑修复前

2#采石坑修复后

道路修复前

道路修复后

修复前矿渣压占红树林生长区　　修复后红树林现状

图 1　海岸带综合环境生态修复项目

2. 改善农村基础设施，推动“美丽广西”乡村建设活动持续深入开展

博世科环保公司通过 EPC 方式建设的 7 个乡镇污水处理工程，保护了乡镇居民生活环境、附近农田的种植环境以及水资源。有利于合浦县较快落实国务院发布的《水污染防治行动计划》中关于加快农村环境综合整治的要求（图 2）。

乡镇污水处理厂 1　　乡镇污水处理厂 2

乡镇污水处理厂 3

乡镇污水处理厂 4

图 2　乡镇污水处理厂

3. 改善工业园区基础设施，助力工业园区绿色发展

博世科环保公司按照国务院发布的《水污染防治行动计划》中关于集中治理工业集聚区水污染的要求，引导合浦县域所有工业园区有序完善供水工程和污水处理工程，保护水资源，治理水污染，实现供排水一体化，完全契合“创新、协调、绿色、开放、共享”发展理念。

4. 开展隐患排查，预防和减少突发环境事件

隐患就像扎入人体中的刺一样，如芒在背，若不及时剔除也可能引发炎症，伤及肢体；若刺在要害，更不容耽搁，须除之而后快，否则危及生命。博世科环保公司与当地环保和园区管理人员组成排查组，对企业环境隐患问题“有刺即拔，有病即治”。有助于园区通过科学整治，引导推动企业淘汰落后工艺和产能，实现清洁生产、达标排放；有助于县域经济与环境的协调发展；有助于合浦县政府推进生态立县行动计划和落实“既要金山银山，又要绿水青山”的生态文明建设理念。

四、服务启示

1. 推进环境治理和生态保护改革促进了区域环保管家服务兴起

山清水秀生态美是广西的金字招牌，广西以改善生态环境质量为核心，以壮大绿色环保产业为目标，以激发市场主体活力为重点，以培育规范市场为手段，在“环保管家”服务方面进行了有益探索，积极推进培育环境治理和生态保护市场主体工作，推动体制机制改革创新。党的十八大以来，广西各级环保部门一方面持续加大环境监管执法力度，层层传导环保压力；另一方面地方政府、园区和企业积极参与有广西特色的生态环境治理模式和环保管家服务模式的创新，多措并举综合施策，促进了区域环保管家服务的兴起。

2. 县域环保管家服务需顶层设计

环境保护工作是一项综合性系统工程，涉及方方面面，无法与其他行业割裂来单独看待，还需源头解决，顶层设计，要统筹考虑经济发展与生态环境保护问题，准确解读环境管理有关政策，以生态保护红线、环境质量底线、资源利用上线和环境准入负面清单（三线一单）为抓手，强化空间、总量、准入环境管理，提出符合区域发展定位的生态环境保护良方，在绿色发展中解决环境问题，破解经济发展、民生改善和生态保护的矛盾，实现多赢共赢，呵护“山水林田湖草”生命共同体。

3. 县域环保管家服务要有前瞻性

县域环保管家要注重综合应对与前瞻性，不仅要指出并协助地方政府解决当下存在的环境问题，还要用前瞻性的思维谋划环保工作，从时间维度上准确把握全域经济社会发展对环保工作的影响，在城市规划、开发建设上先将潜在的环保问题纳入其中思考，系统谋划，为区域经济社会发展提供科学决策依据。

4. 县域环保管家是一项环境综合服务

县域环保管家服务覆盖面广，包括了政策解读、隐患排查、乡镇污水工程、矿区生态修复、不达标水体治理，基础设施建设等环境综合服务。要做好县域环保管家，不仅要具有及时、高效的服务意识，还必须提升服务实力，打铁还需自身硬，广西博世科环保科技股份有限公司是国内为数不多拥有全产业链的环保公司，在各个服务领域均有良好业绩表现，多年厚积，一朝薄发，顺势而为，已成为环保管家服务优秀供应商。

5. 县域环保管家只有进行时，没有完成时

环境问题从来都不是阵痛，环保已经与社会生活、经济活动连为一体，随着合浦县经济发展，广大群众对环境质量的要求越来越高。环保管家服务将一直持续下去，县域环保管家只有进行时，没有完成时。

6. 环保管家服务要有产业链意识

县域的环保问题是复杂而多样的，单项环保服务只能解决局部问题，不能从面上解决区域性的问题，所以提供综合性的环保服务是必要的。产业链是一个系统的概念，核心是整合资源。一是整合业务。传统的单项服务（如环评、检测、可研、设计、单项工程施工、设备供应等）往往由多家单位提供，无形中增加了业主方的管理难度。所谓资源整合，与政府提出的“一枚印章管审批”“一张图管规划”的概念类似，从根本上整合技术服务提供方，为业主方提供一条龙服务，省去了很多不必要的中间环节，从发现问题、诊断问题到解决问题提供集成的技术服务。二是整合技术。一个优秀的环保管家服务团队应包含由多专业、多工种组成的技术人员，从环保治理和清洁生产等多个维度为业主方提供全面、经济、高效的技术方案。三是整合资金。在政府资金引导作用下，大量吸纳社会资金扩大融资渠道，解决了资金链供应不足的问题。

7. 环保管家服务的核心是解决问题

与环评业务的最大差异是，环评有强制审批要求，环保管家是从市场需求的角度出发，环保管家的根本使命是解决问题。合浦县域环保管家服务起始是解决矿坑生态问题，这是一次成功的环境应急处置案例。在完成该工作后，合浦县人民政府举一反三，狠抓落实，高度重视生态文明建设，决心从根本上解决制约经济绿色发展的症结。一是抓住工矿企业集中的工业园区，开展隐患排查，集中整治一批环境问题。二是在《水污染防治行动计划工作方案》的框架下，抓住区域生活污水处理的薄弱环节，加强乡镇污水处理设施的建设。三是构建“山水林田湖草”生命共同体，覆盖流域、海域和陆域。四是从优化产业链结构出发，调整招商引资政策，引进绿色环保企业。通过实施这些项目，解决一批当前存在的环境污染与生态破坏问题，逐步形成节约资源和保护环境的空间格局、产业结构、生产方式、生活方式，推动形成人与自然和谐发展的现代化建设新格局。

五、案例点评

广西博世科环保科技股份有限公司开展的合浦县环保管家服务案例具有县域环保管家服务的复杂性、综合性、典型性特点。该案例是由合浦县采石矿区修复工程服务发端，是中央环保督察后直接产生的环保管家服务需求，是一次由危机处置引起，逐步扩展到整个县域开展环保管家服务的成功案例。

该案例环保管家服务内容十分丰富，既有工业园区的风险隐患排查、风险防控设施设计，又有生态修复工程和污染防治设施建设；既有服务美丽乡村的村镇污水处理设施工程总承包，又有环保产业园投融资活动，涵盖了环保管家的三个阶段“出谋、出力、出钱”，是目前开展县域环保管家服务较全面的经典案例。

当前，县域环保管家是开展管家服务的适宜空间尺度，有实力的机构都可以在有需求的县域尝试开展，共同探索环保管家服务模式和服务理念，逐渐丰富和深化县域环保管家的服务内容。

案例 2　西藏自治区曲水县环保管家服务

环保管家服务委托方：曲水县人民政府

环保管家服务受托方：永清环保股份有限公司

一、环保管家服务的背景

中央环保督察是由习近平总书记亲自倡导、亲自推动的生态文明建设领域的一项重大制度改革，是在总书记亲自关心、指导、领导下进行的。2015 年 7 月 1 日，习近平主持召开中央全面深化改革领导小组第十四次会议审议通过了《环境保护督察方案（试行）》。

会议指出，我国发展已经到了必须加快推进生态文明建设的阶段。生态文明建设是加快转变经济发展方式、实现绿色发展的必然要求。要立足我国基本国情和发展新的阶段性特征，以建设美丽中国为目标，以解决生态环境领域突出问题为导向，明确生态文明体制改革必须坚持的指导思想、基本理念、重要原则、总体目标，提出改革任务和举措，为生态文明建设提供体制机制保障。

会议指出，建立环保督察工作机制是建设生态文明的重要抓手，对严格落实环境保护主体责任、完善领导干部目标责任考核制度、追究领导责任和监管责任，具有重要意义。要明确督察的重点对象、重点内容、进度安排、组织形式和实施办法。要把环境问题突出、重大环境事件频发、环境保护责任落实不力的地方作为先期督察对象，近期要把大气、水、土壤污染防治和推进生态文明建设作为重中之重，重点督察贯彻党中央决策部署、解决突出环境问题、落实环境保护主体责任的情况。要强化环境保护“党政同责”和“一岗双责”的要求，对问题突出的地方追究有关单位和个人责任。

中央环保督察组由环保部牵头成立，中纪委、中组部参加，是代表党中央、国务院对各省（自治区、直辖市）党委和政府及其有关部门开展的环境保护督察。西藏自治区被列为第四批督察对象。

2017 年 5 月 11 日，西藏自治区环境保护督察工作领导小组办公室成立，明确了自治区级环保督察目标、任务、程序等，按照中央要求建立西藏自治区环保督察制度，开展三年一轮的全区“环保巡视”。

西藏自治区环境保护督察工作领导小组在对曲水县巡查后，反馈了以下主要问题：①县级党委和政府未能全面贯彻落实国家、地方环境保护决策部署、落实环境保护党政同责和一岗双责、严格责任追究；②对固定污染源的环保监督管理体制不健全。

曲水县委县人民政府在迎接中央环保督察之际，亟待解决全面贯彻落实国家、地方环保要求，压实环保责任、根治突出环境问题、整治流域污染，规范固定污染源管理等问题。但苦于曲水县环保基础差、环境管理能力弱、专业环保技术人才短缺等现实问题，急需聘请第三方专业环保服务公司作为“环保管家”，为政府部门提供专业的环保服务和环境问题总体解决方案。

二、环保管家服务内容

曲水县人民政府根据环境管理方面的实际需求，多方寻求专业的技术服务咨询单位，协助完成曲水县环保督察准备工作和固定污染源企业监督管理体制建设工作。经对多家单位比选，最终确定委托永清环保股份有限公司开展定制化环保管家服务工作。

（一）迎接中央环保督察准备工作

永清环保股份有限公司高度重视这项工作，组织环保管家团队认真学习中央环保督察工作的有关文件，首先提高自身政治意识和责任意识，搞清弄懂督察的要求，全面梳理前三批中央环保督察意见，为开展环保管家服务做好充分准备。

中央环保督察的重点聚焦以下六个方面：①党委和政府贯彻落实国家环境保护决策部署、解决突出环境问题、落实环境保护主体责任情况；②推动被督察地区生态文明建设和环境保护工作，促进绿色发展；③坚持问题导向，重点盯住中央高度关注、群众反映强烈、社会影响恶劣的突出环境问题及其处理情况；④重点检查环境质量呈现恶化趋势的区域流域及整治情况；⑤重点督察地方党委和政府及其有关部门环保不作为、乱作为的情况；⑥重点了解地方落实环境保护党政同责和一岗双责、严格责任追究等情况。

永清环保股份有限公司根据中央环保督察的六个重点方面，帮助曲水县政府全面梳理在生态环境保护方面已经开展的各项工作、逐一对照自查，立行立改。同时要求全县干部职工要以饱满的工作热情、积极的工作态度和过硬的工作业绩迎接中央环保督察。

1. 协助贯彻落实中央决策部署情况

（1）协助曲水县人民政府将习近平总书记关于生态文明建设、生态环境保护的重要指示精神和中央一系列重大决策部署，纳入县委、县政府中心组学习和党政领导干部教育培训的内容；

（2）组织曲水县人民政府开展关于生态环境保护相关政策培训，提高干部职工对生态环境就是发展环境、环境质量就是生活质量、保护环境就是保障民生等重要性的认识。进一步提高整治站位和“四个意识”，牢固树立“两山”发展理念。

2. 协助落实“党政同责”和“一岗双责”

（1）把曲水县生态环境保护任务逐项分解，纳入县政府的重要议事日程，定期研究，及时解决重大生态环境问题；

（2）协助健全完善生态文明考核机制，将资源消耗、环境保护、生态建设等方面的指标，并将考核结果纳入领导班子和领导干部考核内容；

（3）协助建立问责制度、严格责任追究。

3. 协助推进生态环境建设

（1）梳理自治区环境保护巡查中发现的问题，提出曲水县人民政府需组织编制曲水县环境功能区划、环境保护规划，重点区域、流域污染防治规划；划定生态保护红线，开展环境准入负面清单等工作；

（2）协助曲水县人民政府开展全县露天矿山开发及矿山环境综合整治专项行动。

4. 违规建设项目清理整顿

按照“完善一批、规范一批、淘汰一批”的原则，协助政府对2015年以前建成的违规建设项目，依法依规分类处理。

（二）固定污染源监督管理体制建设

为深入贯彻落实《西藏自治区环境保护条例》《西藏自治区生态环境保护监督管理办法》，加强曲水县重点污染源监督管理，环保管家团队克服高原缺氧等艰苦条件，开展了曲水县重点污染源摸底调查，建立排污企业“一企一档”环保档案，编制曲水县重点污染源清单、为曲水县对固定污染源开展规范化、精细化管理打下坚实基础。

1. 固定污染源摸底调查、编制固定污染源清单、形成长效监管机制

（1）开展曲水县现有固定污染源企业摸底调查，调查内容包括企业基本情况、执行“环评”“三同时”情况、污染防治设施及总量控制情况、环保部门对企业监督管理情况、企业环境管理情况5个方面20多项指标，并将摸底资料进行汇总统计，形成曲水县固定污染源清单；

（2）制订监督性监测监管方案，核实企业运行工况和污染源排放位置、排放去向、排放量等基础数据，明确监督性监测要求，建立长效监管机制。

2. 重点污染源现场监察执法

协助开展曲水县重点污染源现场监察执法活动，对企业废气、废水、固体废物治理设施运行状况、达标排放、环境管理制度建立情况等进行现场监察，形成现场监察记录档案。

3. 建立重点污染源“一企一档”环保档案

建立曲水县40家重点污染源的“一企一档”环保档案。环保档案的主要内容包括：基本情况、执行“环评”“三同时”情况、污染防治及总量控制情况、环保部门对企业监督管理情况、企业内部环境管理情况等。

三、环保管家服务成果及效果

（一）环保管家服务方案采纳情况

曲水县人民政府组织全县35个部门负责人召开“曲水县环保管家服务方案”讨论会，确认和采纳了永清环保股份有限公司的环保管家服务方案，并提出部分修改建议。要求永清环保股份有限公司根据工作服务方案和政府部门的要求开展

曲水县环保管家服务工作，完成《曲水县人民政府迎接环保督察准备工作总结报告》《曲水县固定污染源企业环保监察报告》《曲水县固定污染源企业“一企一档”环保档案》等工作成果文件。

（二）政府“环保管家”服务成果

1.《曲水县人民政府迎接环保督察准备工作总结报告》

曲水县人民政府迎接环保督察准备工作主要内容：

（1）生态文明相关会议纪要、记录；

（2）县委和县政府关于法律文件批示的落实情况；

（3）《西藏生态安全屏障保护与建设规划（2008—2030年）》落实情况；

（4）贯彻落实国家、自治区环境保护决策部署工作情况；

（5）自治区环境保护考核工作情况；

（6）曲水县环境保护工作的政策措施、规划计划；

（7）曲水县环境敏感区基本情况、存在问题及整改情况；

（8）“十二五”节能减排、重金属污染综合防治、重点流域水污染防治和重点区域大气污染防治目标任务完成情况；

（9）环境执法情况；

（10）建设项目环评审批情况；

（11）环保资金使用情况；

（12）环境风险防范及应急能力；

（13）规划布局落实情况。

2.《曲水县固定污染源企业环保监察报告》

固定污染源企业环保监察报告的主要内容包括：

监察范围：曲水县40家重点企业和25家存在突出环境问题的一般企业。

监察内容：通过现场监察、采取文字、照片、视频、录音等形式记录固定污染源企业存在的环境问题，通过问题梳理，为每家企业提出整改和问题解决初步方案。

3.《曲水县固定污染源企业“一企一档”环保档案》

固定污染源企业“一企一档”环保档案工作内容包括：

工作范围：曲水县范围内所有运行的固定污染源企业，共106家。

工作内容：通过现场勘察、企业环保资料的收集、整理，统一建立曲水县固定污染源企业“一企一档”环保档案。对于档案资料不完整的企业，提出档案缺失资料清单，要求企业限期补充完善。

四、服务启示

（一）政府“环保管家”服务的成功经验

1. 探索“政府环保管家”服务模式

曲水县人民政府不局限于传统的政府部门在职人员进行环保管理模式，响应国家号召、结合曲水县实际环保管理需求，大胆引进第三方环保管理咨询专业服务单位，协助政府开展环保督察准备和环保管理规范化工作，提升政府环保管理水平、提高管理效率、解决实际问题。曲水县人民政府在西藏率先开展了“政府环保管家”服务模式的大胆探索和有益尝试。

2. 重新审视政府环保管理工作、完善政府环保管理体制

曲水县人民政府通过聘请第三方开展环保管家服务，对曲水县现有的环保管理工作开展全面“体检”，对照中央、自治区、拉萨市环境保护的法律、法规、标

准要求，找出曲水县人民政府环保管理制度中的问题和不足，提出整改建议，进一步提升政府环保管理水平。

曲水县人民政府亟须开展的环保工作主要包括：

（1）拉萨河流域污染调查及治理规划；

（2）曲水县生态红线划定；

（3）工业园区产业发展规划；

（4）曲水县固定污染源常态化监督监察方案；

（5）饮用水水源地保护规划。

目前，曲水县人民政府已经开展曲水县固定污染源常态化监督监察工作，其他工作也在按计划稳步实施中。

3. 全面诊断企业环保问题、延伸环保管家服务深度

曲水县人民政府通过开展环保管家服务，对全县所有固定污染源企业进行环保监察或摸底调查，全面诊断企业的环保问题，为政府后期延续环保管家服务范围、延伸环保管家服务深度、提升政府环保管理水平和环境治理效率，指明了方向。

（二）环保管家服务的不足及建议

1. 未建立政府落实环保工作责任、规范环保管理的长效机制

限于服务时间较短，永清环保股份有限公司在开展曲水县环保管家服务工作中，对曲水县现有政府落实环保工作责任、规范环保管理方面存在的问题进行了梳理和整改，仅解决了历史遗留问题，未能帮助政府建立生态环境网络监管平台，未能从制度上、工作机制上形成生态环境监管的长效机制。

2. 未建立固定污染源环境监察制度

曲水县人民政府通过这次环保管家服务工作，发现企业环保意识不强、企业主体责任不落实，政府部门人力不足对企业疏于监管。虽然在永清环保股份有限公司的专业指导下解决了企业现有的环保问题，仍需进一步建立固定污染源长期监察制度，加强监察能力建设，对固定污染源企业进行有效监管。

五、案例点评

永清环保股份有限公司开展的西藏自治区拉萨曲水县环保管家服务，是一个政府购买环境服务的典型案例。它是在我国环境管理能力最薄弱、环保人才最匮乏、自然环境最脆弱、生产生活条件极其艰苦的青藏高原开展的县域环保管家服务。该案例的积极意义在于政府部门意识的转变，如此偏远地区的县级政府都能接受购买环保管家服务新模式，并主动开展环保管家服务，其他地区各级政府更应转变观念，不再等上级文件，不再等国家政策，而是以环境问题为导向，主动作为，大胆创新，担负起捍卫生态环境新使命、开创生态环境保护新局面。

当然，也正是由于上述客观原因，这次服务工作只是针对县级政府的实际需求开展的定制化的基础性服务，还有很多工作可以深入开展和拓展。

第三章

园区环保管家服务案例

案例3　钦州市河东工业区皇马工业园环保管家服务

环保管家服务委托方：广西壮族自治区钦州市钦北区人民政府

环保管家服务受托方：广西博世科环保科技股份有限公司

广西博环环境咨询服务有限公司

一、环保管家服务背景

钦北区位于广西壮族自治区钦州市北部，处于环北部湾经济圈“金三角”的顶端，是华南与西南经济圈、中国经济圈与东南亚经济圈的接合部，是中国走向东南亚的桥头堡和东南亚进入中国的门户。钦州市河东工业园区皇马工业园于2004年10月开发建设，2007年9月列入广西A类产业园区，是钦州市政府实施工业兴区的重要战场。近年来，皇马工业园高速发展，吸引了100多家企业进驻，产业涵盖矿产品加工、冶炼、化工、医药制造、农副产品深加工、机电制造、轻工纺织、新型建材和物流等多个行业，形成“一园四区”空间格局，成为钦北区经济发展的重要引擎。然而，园区工矿企业数量多、行业复杂，园区管委会缺少专业人才，环境管理和监管力不从心。

2016年7—8月，中央第六环境保护督察组对广西壮族自治区开展了环境保护督察指出，“钦州市皇马工业园区没有建设集中式污水处理设施，废水通过渗坑排放，违规引进祥云飞龙再生科技公司等生产工艺落后、重金属污染严重的企业。

近年来，北部湾优良生态环境已经受到威胁”。钦北区人民政府及园区管委会直面环保督察反馈的问题，不回避、不护短、不推诿，坚持问题导向，认真纠正，严肃整改。环保督察整改工作时间紧、任务重、压力大，钦北区人民政府和园区管委会迅速部署、立即行动，将园区污水集中处理定为督察整改工作的开局之战。在攻坚克难之际，广西博世科环保科技股份有限公司（以下简称“博世科环保公司”）作为业内实力雄厚、口碑好、拥有核心技术的专业综合环境服务提供商，中标该项目建设工程后，在第一时间锁定目标、落实责任、统筹推进、全力攻坚，在重质量、保安全的前提下，确保工程如期交工并投入运营，夺取了开局之战的胜利，整改落实初见成效。

为确保在首战告捷的基础上实现再战再胜，切实把环境污染问题抓在手上、一抓到底、抓出成效，钦北区人民政府和园区管委会决定以更加清醒的认识、更加坚决的态度、更加有力的举措，举一反三，通盘谋划，彻查环境污染隐患，向污染治理宣战。为进一步解决影响园区绿色发展的突出环境问题，促进环境质量改善，增强群众获得感，鉴于双方在集中式污水处理项目的成功合作，恰逢环保部、自治区环保厅鼓励第三方环保企业开展环保管家服务，钦北区人民政府委托博世科环保公司开展园区的环保管家服务，环保管家正式入驻皇马工业园。

二、环保管家服务内容

1. 提供污水集中处理一体化工程建设服务，补齐环境保护设施短板

在《水污染防治行动计划》的框架下，在环保督察的背景下，博世科环保公司坚持督察问题导向，兼顾园区未来发展，采用现场调查、环境检测、无人机遥测等多种手段，科学确定园区废水成分、水量及变化规律，提出技术可靠、投资经济、运行高效的技术方案，承建园区污水集中处理厂。项目如期建成并投入运营，有利于完善园区环境保护基础设施，推动企业和园区基础设施的对接和互联，

优化环境保护措施，控制环境风险。

2. 提供供水一体化工程扩建服务，健全安全高效的供水保障体系

随着园区基础设施的完善、投资条件的改善，大批企业陆续落户园区，使得原有的供水工程难以满足发展需要，部分企业依靠打井抽水解决用水困难。为进一步优化投资环境，保障园区的用水需求，博世科环保公司凭借先进的净水技术、雄厚的资金实力和成熟的运营管理经验，成功中标承建钦州市钦北区（皇马）供水一体化工程，对配套供水工程实施统一规划、集中建设、统一管理、集中供应，健全安全高效的供水保障体系，形成一体化的供应管理体系，以高效率、低成本向企业提供可靠的生活用水和工业用水，实现了集约化管理。该工程已于 2017 年 12 月完成建设，服务范围满足皇马工业园一区、二区、三区、四区及新城区生活区，辐射面积为 11.82 km^2，受益人口为 3 万人。

3. 以编制园区跟踪环评为切入点系统梳理园区环境问题

自达成环保管家合作意向后，适逢园区规划环境影响跟踪评价的编制年限，环保管家团队主动服务，以园区跟踪评价为切入点，对皇马工业园区环境问题进行梳理，摸清环境污染隐患，找出园区自成立以来积累的、潜在的环境污染和生态破坏问题，从源头纠偏，引导园区绿色发展。

4. 编制应急预案，识别环境风险隐患

环保管家团队在梳理过程中，发现园区尚无突发环境事件应急预案，一旦企业突发环境事故，园区应急能力和准备不足，可能导致环境污染扩散，社会影响扩大。针对该方面的缺失，环保管家团队引导园区按照《环境保护厅办公室关于做好突发环境事件应急预案有关工作的通知》（桂环办函〔2016〕52 号）中工业园区做好环境事件应急预案的要求，制订具有可操作性的园区应急预案。园区管委会对应急工作高度重视，立即委托环保管家团队编写应急预案并开展了应急演

练，借此建立健全园区突发环境事件应急机制。

5. 突出重点，协助园区开展涉重企业专项整治

2017 年 9—10 月，某专项行动指出，园区督察整改取得明显成效，但园区仅部分企业进行了雨污分流，外排雨水存在重金属超标现象，且问题整改落实相对滞后。意见提出后，园区管委立即成立整改工作领导小组，在专项整改过程中，环保管家团队为园区提供了一站式服务，协助园区管委会开展涉重企业专项整治并打出了一系列组合拳。

针对园区内涉重企业，环保管家协助园区整改小组进行全面督察，编制涉重企业环境问题整改清单，为园区监管提供技术支撑。针对园区周边环境质量，环保管家协助园区整改小组对疑似受到污染的坑塘水体采用实地现场调查和环境检测相结合的方式，确定水体规模、污染程度、污染因子等参数，制订切实可行的治理方案，由园区开展整治。为避免类似事件重蹈覆辙，及时吸取经验教训，环保管家团队对园区雨水重金属超标问题追本溯源，并将查找结果反馈给园区管委会，园区管委会邀请相关专家及其上级管理部门，针对园区存在问题进行讨论沟通，决定建设园区涉重企业区域初期雨水收集处理工程，为下游茅岭江及茅尾海的水环境质量添加一道保护屏障（图 1）。

图 1　环保管家团队协助园区开展涉重企业专项整治

6. 提供定期巡检和环保政策咨询服务

面对园区日渐增多的工业企业、日趋复杂的工业结构和日益严格的环保要求，如何有效管控园区开发过程中、企业运营过程中的环境污染问题？“环保管家”逆向思维，转变思路，变被动防范为主动管控，设计适合园区的定期巡检方式，将园区企业分三级进行管控，环保管家与园区管委会定期巡检，及时发现问题并提出整改意见，着力增强环境风险识别、预警、防范、控制、化解的前瞻性、敏感性和有效性，持续完善环境污染事件应急体系和机制流程，切实提升环境风险的管控实效。同时对园区管委会日常管理碰到的环境问题，提供全方位的环保政策、法规和技术咨询。

7. 长效机制，建立完善的规章制度和考核体系

全面、完善的规章制度和考核体系有利于企业进行标准化管理，调动内部员工的积极性，提高企业总体效益。博世科环保公司协助管委会鼓励园区内企业建立符合现代企业管理要求的组织结构，实现规范化、高效化管理，确保各项工作更加高效、规范、有序运行。企业制度及体系的完善，更利于园区管理委员会规范辖区内的企业管理，建立健全管委会各类长效政策机制。

8. 创新之路，研究建设园区智慧环保平台系统

针对园区面临的环境污染特征，研究建立园区“测、管、治”三位一体联动体系，以期将园区内所有企业、单位及重要环境要素纳入平台系统中，动态实时掌握园区资源、能源、生态、环境等方面状况，并可扩展至涵盖所有经济活动的智慧园区建设，逐步推进园区绿色、可持续发展。实现企业、园区与政府的环保信息互通，提升园区风险防控和应急响应能力。

三、环保管家服务成果及效果

1. 改善基础设施，促进园区绿色发展

钦州市钦北区（皇马）污水处理厂和供水扩建改造工程，是钦州市城市基础设施建设的重要组成部分。污水处理厂项目一期工程自建成营运以来，收集、处理镇域内居民生活污水和皇马工业区生产废水，改变了城市污水直接排入城区河流的现状，大幅度减轻污水对城市水体污染程度，改善城市的环境卫生面貌，对提高当地居民生活及健康水平起到积极作用，同时对改善钦州市的投资环境，促进经济发展，也将起到促进作用，其社会及环境效益是非常明显的（图 2）。

图 2　园区污水处理厂航拍图园区污水处理设施

2. 授人以渔，提高园区管委会和企业环保意识

在日常服务过程中，环保管家团队践行"授人以渔"的服务理念，有针对性地对园区管委会工作人员和企业环境管理人员解读国家环境保护政策，介绍最新出台的法律法规，普及相应环保知识等，对国内同类企业存在的环保问题案例进行收集分析并予以讲解，园区管委和企业环境管理人员的环保意识得到提高，环保政策及时更新，园区环境管理能力大大提升。

3. 应急保障从方案到工程，构建园区环境安全屏障

环保管家根据园区发展情势，编制出针对性强、切实可行的突发环境事件应急预案。设置 7 处应急控制节点及配套应急物资，最大限度地降低皇马工业园在环境事故发生概率，避免事故导致的危险废物或危险废物组分泄漏到空气、土壤或水体中造成对人体健康和环境的危害。提高自防自救能力，保障园区工作人员健康和安全。此外，通过园区初期雨水收集应急处理工程的建设，将工业园区初期雨水进行收集、处理、检测，处理达标后再排放，控制对周边水体环境风险水平，降低对受纳水体的污染影响。

4. 着力解决环保突出问题，推动环境质量持续改善

通过钦北区政府、皇马工业园区管委会以及环保管家团队的共同努力，皇马工业园区环境质量较之前得到了显著提升，由于监管力度加大、企业主体责任落实，园区无组织排放大幅度减少，企业周边树木目前已经开始长出新芽，吐露芳华。环保管家服务需要一直持续下去，推动环境质量不断改善，让园区树常绿，天常蓝。

四、服务启示

1. 提供一站式服务，为园区管委出谋、出力、出资

园区环保管家是一种智力密集型服务，涵盖多个层次的服务内容，业务范围广泛。博世科环保公司作为环境综合服务商，通过提供专项定制的咨询及工程技术服务，为工业园区及企业提供从项目立项、规划选址、环境影响评价、环境监理及排污许可等全流程的技术咨询服务，从环保政策解读、环保问题咨询、环保决策指导、环境风险管控、污染物达标排放等方面提供一站式环保服务。帮助园区在日常管理过程中的每一环节做到更规范、更专业，降低企业环保违法风险。

在环保管家服务过程中，博世科环保公司凭借其雄厚的人才、技术、资本实力，一方面提出高效化、精细化和专业化环保建议，为园区建言献策；另一方面提供如 PPP、BOT、股权合作等多种合作模式，提供资金积极参与基础设施投资建设和运营服务，更全面地帮助园区解决存在的环保问题和融资难题。

2. 提供“管家+专家”式服务，促进园区环境管理能力的提升

环境管理专业性很强，博世科环保公司通过选派环保专家组建环保管家专家团队，按照日常环境咨询服务与定期环境风险排查相结合的方式，提供“管家+专家”式服务，进一步促进园区环境管理能力的提升。

3. 坚持环境理念，兼顾园区管委会、企业多方权益

园区环保管家服务要坚持环境理念，正确对待经济发展与环境保护的关系，环保管家和园区企业也不是矛盾体，环保管家服务兼顾园区管委、园内企业、环保企业多方权益，通过积极引导，提高各方对资源环境保护的认识水平，实现“多赢”“共赢”的新局面。

4. 坚持五个“一体化”开发理念，丰富环保管家服务内涵

工业园区是工矿企业的集聚区，园区环保管家服务应引入全新的发展理念，采取项目集约、专业集成、投资集中、统一治理和统一排放的建设和管理模式，坚持五个“一体化”开发理念，即产品项目一体化、公用辅助一体化、物流运输一体化、环境保护一体化、管理服务一体化，使可持续发展观和循环经济理论贯穿于园区规划建设中，构建园区资源共享和能量循环的共生产业链，提升产业集聚效应，有效减少用地、投资和运营成本。在新发展理念的引领下，皇马工业园通过实施供水和污水集中处理等一体化工程建设，使园区投资集约效应更加明显，生产空间、生活空间和生态空间更加优化，区域经济正在进入以结构优化、质量提高、实力增强为特征的内涵式增长的新常态。

5. 找准定位，明确服务对象

园区环境管理部门对企业生产建设过程中的环境行为提供宏观指导、总体协调、组织支持等多方面的支持。另外，对企业在生产过程中产生的环境问题进行监管、预警、应急等管理。由于园区内企业众多，环保管家团队在服务过程中不可避免与企业进行指导和沟通，在此过程中，工作服务易受到企业影响而产生偏移。因此园区环保管家在服务过程中须找准定位，明确服务对象，才能提供优质的服务。

6. 不断总结，持续学习，动态优化服务模式和内容

环保管家服务目前是一个新生事物，没有标准的服务模式和服务内容。春去秋来，斗转星移，环境质量现状和污染源排放情况在不断地发生变化，环保管家需要不断地总结、修正、完善和提高，以适用日趋严格的环境管理形势要求。

五、案例点评

该案例为园区环保管家服务典型案例。由于皇马工业园区主要产业包括矿产品加工、冶炼、化工、医药制造、农副产品深加工、机电制造等行业，是一个较为综合的产业园区，具有面积大、行业广，企业多、污染类型复杂等特点。全国其他园区一样，存在园区环境管理专业人员少、能力不足、手段不够，对国家最新环境政策法规掌握不及时、理解不到位，监督管理偏弱偏软，技术支撑不足等普遍性问题。

在园区发展过程中，环境管理和经济发展的矛盾表现得更加直接，会涉及地方政府、园区、企业、公众等各方利益，矛盾尖锐突出。环保管家服务的介入为园区可持续发展打了一针强心剂，通过环保管家提供的专业化服务，使得园区在环境保护、生态建设、节能降耗、结构调整等方面更加科学高效，持续有效。这正是环保管家服务的价值所在。

案例 4　沧州渤海新区环保管家服务

环保管家服务委托方：河北沧州渤海新区环境保护局

环保管家服务受托方：河北正润环境科技有限公司

一、环保管家服务背景

河北省沧州渤海新区成立于 2007 年 7 月，经过多年发展，园区总面积达 2 400 km^2，户籍人口为 66 万人，常住人口为 100 万人，海岸线为 130 km。园区以石油化工、装备制造业研发转化和港口物流为基础，以城市配送物流为支撑的区域性航运中心。园区企业数量相对较多且行业类型多样，涉及的日常管理工作量大、事物烦琐，且受制于人力物力短缺、技术支撑能力不足等原因，致使环境管理部门出现监督管理不到位和技术支撑不足等现象。

为解决上述问题，提高园区环保管理效率和监管水平，2017 年 2 月沧州渤海新区环境保护局与河北正润环境科技有限公司签订了《沧州渤海新区环境保护局委托第三方环境保护技术咨询服务机构采购项目》合同协议书。聘请河北正润环境科技有限公司通过环保管家服务，为园区提供专业的环保技术指导和现场服务，针对具体的环境问题提供定制化的解决方案，弥补园区环保管理上的短板，促进园区环保管理的专业化、精细化和集约化。

二、环保管家服务内容

河北正润环境科技有限公司接受沧州渤海新区环境保护局的委托后，按渤海新区环保局规定的时间及要求组织相应领域环保专家就委托事宜进行环保技术咨询服务。

（1）环保管家服务于企业管理。首先，环保管家协助新区管委会对拟入驻园区项目进行评估，确定其是否符合园区产业定位、规划布局及循环产业链的要求，是否与园区资源配置相协调；协助企业办理包括环境影响评价、环境监理等在内的相关环保手续，确保环评及批复要求的环保措施得到严格落实，并在实施过程中提出优化建议；在项目建设过程中协助企业完成对环保设施的选型及采购；在项目运行过程中，协助企业进行环保治理设施调试、运行、维护等工作，即前期的咨询服务。其次，按照渤海新区环境保护管理要求，组织并推荐相关行业国家级、省级环保专家参加范围内的各项环境保护技术咨询和管理工作，主要进行企业环保现场核查，即中期的咨询服务。

（2）环保管家服务于园区管理。环保管家根据环保管理部门要求，以及企业实际情况协助开展专项环保知识培训、编制应急演练计划和指导应急演练工作等，提高园区及企业的环保知识水平、提升应急能力；协助园区开展年度专项环保工作报告、环保信息年度报告等工作，协助园区制订大气、水、固体废物等污染物专项治理工作方案，及时追踪国家新发布实施的法规、政策及标准，为园区环境管理部门进行解读，结合园区实际情况提出相应的改进措施，保障园区持续健康发展，即后期的咨询服务。

（一）前期咨询服务

2017年，沧州渤海新区环境保护局前期咨询服务主要是对拟入区企业进行环保咨询，咨询内容包括拟入区企业的产业类型、选址、规模和环境可行性等。2017

年 8 月，渤海新区环境保护局就某企业入驻园区及选址情况从技术方面委托进行综合评估。通过对拟入区企业进行现场踏勘与分析，一方面对现有企业生产及环保管理情况进行评估；另一方面对新厂址建设的环境可行性进行研判。

（1）企业类型。该企业属于精细化工行业，主要从事医药中间体、精细化工产品的研究开发与生产。除主要原料外，其他均为常规化学原料，该企业生产规模和产量较小。

（2）污染防治。项目属于“三废”治理可控企业，“三废”产生量较少，现有环境管理人员整体素质较高，原厂址未发生过污染事故。

（3）厂址选择。拟建厂址位于渤海新区规划的新材料园区，项目产业类型与规划不相符，因此不适合入驻。建议在渤海新区化工医药产业园区内重新选址，并对选址过程全程指导。

环保管家服务通过对拟入区企业的评估与研判，为新区管委会对园区的招商和入驻工作从技术方面给予了支持（图 1）。

图 1　项目前期咨询现场踏勘情况

（二）环保现场核查

根据河北省大气污染治理综合整治的要求及污染专项治理工作通知，环保管家协助新区环境保护局对企业环境违法行为的查处提供技术支持，并为企业环境问题的解决提供指导。

1. 工作方式

（1）对新区的检查目标、指标、管理要求、园区特点等进行梳理；

（2）为新区配备国家级、省级和市级的相关行业专家，充实专家库；

（3）编制新区的检查计划、完善档案库建设。

2. 检查内容

（1）企业环境保护基本情况。检查核实原辅材料、产品种类、数量、生产工艺和设备、产污环节、风险源、排放的主要污染物种类、数量、浓度和排污去向等（图 2）。

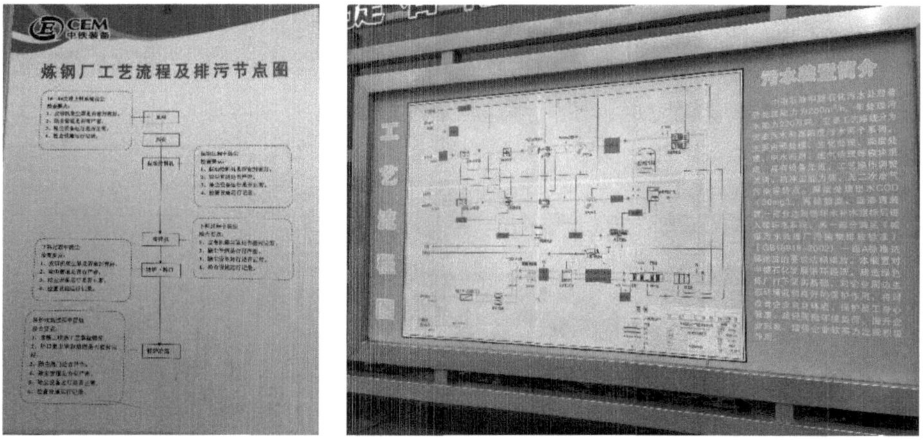

图 2 企业环境保护基本情况

（2）企业管理手续情况。包括项目审批、核准或备案、验收、排污许可、监督性监测、环保税缴纳情况，以及现有生产规模是否与项目审批、核准或备案、环评批复内容相符等情况（图 3）。

图 3　专家对环保资料进行现场查阅

（3）企业生产工艺和环保设施运转情况。包括污染治理设施运行情况，未经批准擅自改变、停用、拆除污染治理设施等不正常使用污染治理设施情况，污染物超标排放或偷排偷放废水、废气等违法行为等情况（图 4）。

图 4　企业生产工艺和环保设施运转情况现场核查

（4）企业危险废物管理情况。包括危险废物管理台账建立，危险废物转移五联单制度执行，贮存场所“三防”措施，危险废物标识等情况（图 5）。

图 5 危险废物管理情况现场核查

（5）企业环境风险防范及应急管理情况。包括应急预案的完善，应急物资的储备，是否进行了专门的应急演练的培训与演练，应对突发环境事件的能力等（图 6）。

图 6 消防水池现场核查

（6）企业厂容厂貌。包括“跑冒滴漏”情况，厂区脏、乱、差现象等。

（7）涉及环境污染的其他问题。

3. 检查结果

环保管家通过对新区重点企业逐一排查，结合企业环保管理资料的查阅和生产工艺及环保设施的现场核查结果，提出相应的整改要求和建议，并形成文字材料上报新区环境保护局，使其更好地掌握新区企业存在的问题，督促企业限期整改。

（三）环保专题培训

按照协议要求，环保管家定期为渤海新区环境保护局组织开展环保专题培训，如 2017 年 8 月 31 日，环保管家组织了渤海新区突发环境事件应急工作专题培训。

1. 培训目的

为贯彻落实《生态文明体制改革总体方案》和《中华人民共和国突发事件应对法》，有效防范突发环境事件，进一步提升突发环境事件应急处置能力，最大限度地减轻突发环境事件对环境造成的影响和危害。

2. 培训对象

渤海新区直属部门领导和各园区主要领导、重点企业负责人等 400 余人参加了专题培训。

3. 培训内容

邀请环境应急管理专家作为主讲嘉宾，就突发环境事件的预防、应对、处置调查与风险防范进行系统讲解，从风险事前预防、风险识别排查、环境应急预案、事后应对措施及处理办法四个部分进行了详细的讲解。

4. 培训效果

培训工作结束后，环保管家为新区编制了应急演练计划，指导新区企业完成应急演练工作。通过演练使园区管理部门及企业员工增强了突发环境事件应急意识，发现预案或实际应急环节存在的问题和不足，为突发环境事件应急救援机制积累了宝贵经验。

突发环境事件应急工作专题培训提高了新区各部门预防和处置突发环境事件的能力，厘清和细化环保部门在突发环境事件中的职责，明确了企业环境应急主体责任，对提高企业环境风险防范能力起到积极的推动作用（图 7）。

图 7　沧州渤海新区突发环境事件应急工作专题培训会

三、环保管家服务成果及效果

1. 项目前期咨询服务

环保管家为渤海新区提供的建设项目前期咨询服务，解决了项目的产业、产品是否符合园区产业规划要求，解决了项目选址是否符合园区用地规划要求，解决了资源能源利用的制约性因素问题。这些问题的解决有利于强化规划环评，优化产业布局和结构，明确入园企业的整体定位，防止高污染、高能耗、规模小、水平低的企业入区，实现产业合理集聚、资源优化组合。

2. 现场环保核查服务

2017 年，环保管家对渤海新区 63 家重点企业进行了现场核查（不含重复核查的企业），共聘请专家约 150 人次，核查发现各类环境问题约 30 个，共对 63 家重点企业出具了整改要求及建议。

钢铁焦化行业存在的主要问题：环保手续不完善，生产装置和环保设施不规范等。

石油医药化工行业存在的主要问题：环保手续不完善，生产装置和环保设施不规范，危险废物管理规范化程度不够，存在跑冒滴漏问题，排污口设置不规范，环境风险防范及应急措施不到位等。

仓储物流及非金属矿物制品业存在的主要问题：环保设施不完善，环境保护标识不完备，档案管理规范化程度不够等。

服务业主要存在的问题：环保设施不完善，环保设施运营管理不到位，环境保护标识不规范，危险废物管理规范化程度不够等。

结合环保管家提出的各类整改要求和建议，园区环境保护局向企业发出整改通知。一方面要求存在问题的企业进行限期整改；另一方面督促园区内各类建设项目进行环保自查，及时发现并解决存在的各类环境问题。

环保管家在汇总各企业存在问题的基础上，对园区现存的各类环境问题进行了剖析，对下一步园区的环境管理提出了建议和意见。同时，环保管家根据园区环境质量数据、企业生产情况及排污信息数据等基础资料，通过大数据分析、利用互联网技术，建立园区企业污染源清单、搭建动态化平台，使其更好地对园区内各企业环保治理设施的日常运营进行监督、监管，提高园区环境保护局监管能力。同时，为存在环保问题的企业把脉，找出环境问题症结，提出合理化意见和建议，使企业的污染治理得到有效改善。

3. 环保专题培训服务

培训不仅涉及区直部门及单位、园区各部门及单位，还涉及部分重点企业，不但提高了管理部门的环保管理水平，而且对提高企业环保主体责任意识起到积极的推动作用，从而降低园区和生产企业的环境风险。

此次培训工作是环保管家贯彻落实《关于推行环境污染第三方治理的意见》和《关于积极发挥环境保护作用促进供给侧结构性改革的指导意见》，引领行业转型升级、转变服务理念、探索环保管家新模式的尝试。

四、服务启示

环保管家作为一项综合性的环保技术服务工作在园区开展后优势明显，通过提供定制化、全过程、一站式的专业技术服务，有利于园区环境保护局提高监管水平，有利于企业提高自身环保管理水平，有利于促进环境管理的公开公正。环保管家同时也是园区管理者和企业之间沟通的桥梁，促进了园区整体环保水平的提高，最终实现园区持续、稳定、健康发展。

但是，环保管家服务过程中也发现一些不足之处。一方面，环保管家通过对园区的环保管理的技术服务，很大程度上弥补了管理上的短板，进一步提升了监管的质量，环保管家工作取得的成绩得到园区管理部门的认可，但是由于园区环保管家工作尚处于起步阶段，园区环保管理部门对环保管家工作范围和责任界定不清晰，工作部署混乱或越界，且存在“一事一议”工作模式，缺少有效的沟通，使环保管家工作开展比较被动，缺乏深层次合作。另一方面，环保管家在一定程度上提升了企业的环境管理和治理水平，促进企业环保管理体系、管理能力的提升，但是企业对环保管家服务工作认识不清，视作环境监察监管的延伸，对环保管家服务工作存在抵触心理。

环保管家服务需要园区管理部门、企业和服务单位密切配合、加强沟通、建立一套特色鲜明、效果显著、运转顺畅、多方共赢的环保管家服务机制，为环保管家服务工作营造互信互通的工作氛围，为环境质量的改善共同努力。

五、案例点评

该案例为工业园区环保管家服务案例，是园区环境保护主管部门购买第三方服务的一次有益的尝试。

环保管家团队在为入园企业审核把关、现有企业环境问题排查、环境应急演练和政策法规培训等方面开展了定制化服务。通过环保管家团队的大量细致工作，弥补了园区环境管理能力不足的问题，帮助园区管理部门发现了一大批环境问题，有利于加强园区环境精细化管理，有利于促进企业环境问题的解决，有利于环境质量的改善。基本代表了现阶段环保管家的普遍服务水平。

该案例也客观反映出在园区环保管家服务的探索阶段，甲、乙双方充分的沟通和必要的磨合不可避免，事前签订服务边界清晰、责任划分明确的绩效服务合同尤其重要。另外，环保管家服务是以智力密集型服务为主，切记在服务中变成劳动密集型为主的环境保姆式服务。

案例5 承德高新技术产业开发区环保管家服务

环保管家服务委托方：承德高新技术产业开发区管理委员会

环保管家服务受托方：河北省众联能源环保科技有限公司

一、环保管家服务背景

承德高新技术产业开发区（以下简称“高新区”）成立于20世纪90年代，经过多年的发展，园区机构设置日趋合理，职能分工明确，各司其职，总体上看园区运行规范有序。由于近年来环境监管压力持续增大，环境管理涉及水、气、声、渣等专业领域和环境治理技术十分专业，园区环保监管能力明显不足。在园区环境管理方面表现出的短板核问题主要有：国家环境保护政策跟踪学习不及时，最新的生态环境保护政策解读和宣贯不到位，新的生态环境观念转变不彻底，园区日常性管理事务繁重，环境管理技术人才稀缺，尤其缺少环保专家团队，缺乏专业指导，迫切需要专业的环保管家团队帮其解决上述短板和难题。

二、环保管家服务内容

“环保管家”服务总体来说是针对目前国内的环保形势推出的一项更综合、更全面的环保技术服务新模式。针对服务对象特征，从环保政策解读、环保问题咨询、环保决策指导、环境风险管控、污染物达标排放等方面提供“一站式”环保服务，可为工业园区提供从规划期、引入及建设期到运营期“全流程”的技术咨询服务，协助解决工业园区面临的各种环保问题。

1. 园区规划期

（1）规划设计阶段早期介入，提供咨询服务，避免决策失误；

（2）根据区域环境现状，合理规划产业空间布局和产能规模；

（3）根据区域经济结构及环境制约因素，协助园区确定产业定位；

（4）协助园区确定污水处理站、供热设施等公辅设施布局、工艺选择及建设规模等；

（5）根据园区确定的产业组成，构建循环经济产业链条；

（6）完成其他相关的规划、产业政策、环境管理政策解读指导；

（7）代表园区与相关单位接洽，沟通处理相关环保专业问题。

2. 园区项目引入及建设期

（1）负责对拟入驻园区项目进行初步评估，确定其是否符合园区产业定位、规划布局要求、循环产业链；

（2）协助企业办理包括环境影响评价在内的相关环保手续，并取得环保主管部门的批复意见；

（3）协助项目建设过程实施环境监理工作，确保环评及批复要求的环保措施严格落实，并在实施过程提出优化建议；

（4）协助环保治理设施投融资、工程设计、工程施工、调试运行等；

（5）在项目建设过程中协助企业完成对环保设施的选型及采购；

（6）协助办理区内企业环保设施“三同时”验收手续、编制排污许可技术报告、排污许可申报、编制环境事故应急预案等。

3. 运行期

（1）协助对环保治理设施日常运营进行监督、监管工作；负责日常环保问题咨询服务、进行相关环保知识培训；

（2）负责对企业定期进行清洁生产审核，提高企业清洁生产水平；搭建企业间环保技术交流平台，组织行业企业间进行对标交流；

（3）协助园区及企业申请专项资金；

（4）及时追踪国家新发布实施的法规、政策及标准，对其进行解读，对应改进园区环保防治措施，实现持续健康发展；

（5）定期对企业进行全方位环境风险排查、环境及污染源监（检）测、针对发现问题提出整改方案并指导实施；

（6）负责对环保治理设施日常运营管理，委托第三方运营；

（7）协助园区及企业应对突发环境事件；

（8）协助开展包括年度专项工作报告、环保信息年度报告等在内的环保规划工作方案的制订；

（9）协助制订大气、水、固体废物等专项治理工作方案。

4. 搭建园区环保大数据平台

平台基于大数据、移动互联网技术，整合专业咨询、专家团队，为园区提供一站式、全生命周期的环境管家服务。平台定位：

（1）建立园区自然环境基础数据的动态化平台；

（2）园区产业发展、产业布局、发展方向、基础设施建设、工商等数据，开展产业结构、产业转移、减排技术等专题分析，为产业结构调整、合理布局、环境质量改善、节能减排等提供数据支撑；

（3）全方位建立园区所有企业基本情况、环境档案、生产信息、环保设备、环境监测、动态台账，协助环保部门进行日常的环境管理；

（4）协助入驻企业进行环境监测，建立规范的动态台账，帮助企业进行合规的排污许可申报，对企业环境税进行纳税筹划；

（5）成为园区环保技术人员、咨询机构、服务部门前沿资讯、技术交流、技术咨询、经验分享的平台。

三、环保管家服务成果及效果

1. 园区企业摸底调查

环保管家团队以现场访问和填写调查表的方式完成园区内68家企业调查，指出企业存在的环保问题，并提出整改建议。调查内容见图1和图2。

图1 园区企业摸底调查

2. 居民区调查

完成开发区内65个小区基本情况的调查，对每个小区进行实地走访，主要调查内容包括小区名称、地理位置（包含经纬度坐标，有在线地图定位）、居民楼栋数、层数、单元数、户数、层高、玻璃样式、朝向。了解其居住人口数量，生活垃圾产生量和具体处理措施（图3）。

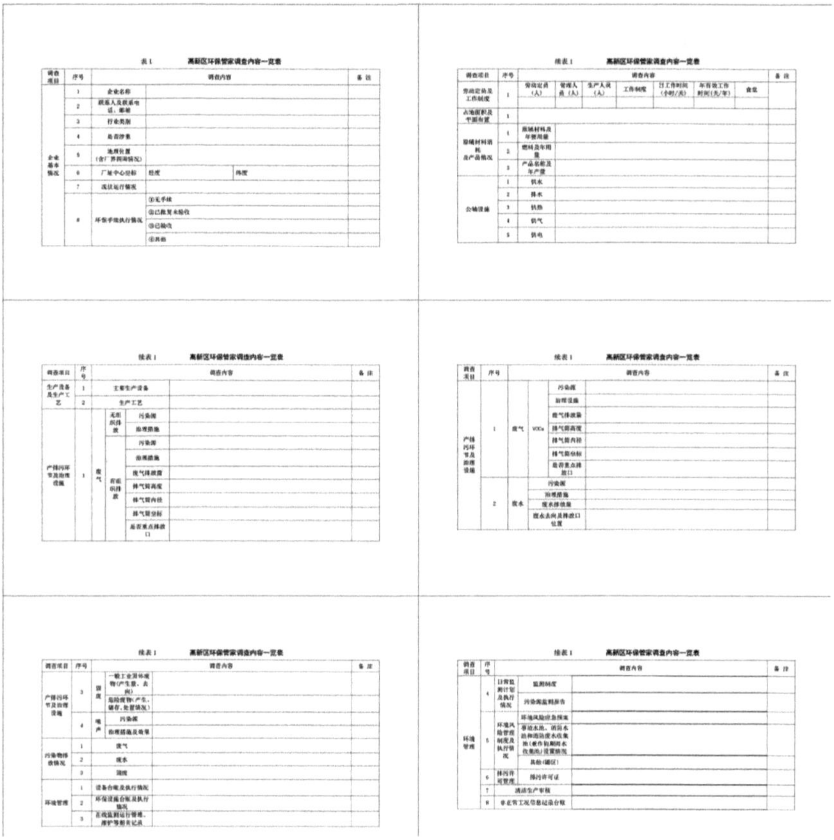

表1 高新区环保管家调查内容一览表

调查项目	序号	调查内容			备注
企业基本情况	1	企业名称			
	2	联系人及联系电话、邮箱			
	3	行业类别			
	4	为首涉重			
	5	地理位置（含厂界四周情况）			
	6	厂址中心坐标	经度	纬度	
	7	现状运行情况			
	8	环保手续执行情况	①无手续		
			②已批复未验收		
			③已验收		
			④其他		

续表1 高新区环保管家调查内容一览表

调查项目	序号	调查内容							备注
劳动定员及工作制度	1	劳动定员（人）	管理人员（人）	生产人员（人）	工作制度	日工作时间（小时/天）	年有效工作时间（天/年）	食堂	
占地面积及平面布置	1								
原辅材料消耗及产品情况	1	原辅材料及年使用量							
	2	燃料及年用量							
	3	产品名称及年产量							
公辅设施	1	供水							
	2	排水							
	3	供热							
	4	供气							
	5	供电							

续表1 高新区环保管家调查内容一览表

调查项目	序号	调查内容				备注
生产设备及生产工艺	1	主要生产设备				
	2	生产工艺				
产排污环节及治理设施	1	废气	无组织排放	污染源		
				治理措施		
			有组织排放	污染源		
				治理措施		
				废气排放量		
				排气筒高度		
				排气筒内径		
				排气筒坐标		
				是否重点排放口		

续表1 高新区环保管家调查内容一览表

调查项目	序号	调查内容				备注
产排污环节及治理设施	1	废气	VOCs	污染源		
				治理设施		
				废气排放量		
				排气筒高度		
				排气筒内径		
				排气筒坐标		
				是否重点排放口		
	2	废水	污染源			
			治理措施			
			废水排放量			
			废水去向及排放口位置			

续表1 高新区环保管家调查内容一览表

调查项目	序号	调查内容			备注
产排污环节及治理设施	3	固废	一般工业固体废物（产生量、去向）		
			危险废物（产生、储存、处置情况）		
	4	噪声	污染源		
			治理措施及效果		
污染物排放情况	1	废气			
	2	废水			
	3	固废			
环境管理	1	设备台账及执行情况			
	2	环保设施台账及执行情况			
	3	在线监测运行管理、维护等相关记录			

续表1 高新区环保管家调查内容一览表

调查项目	序号	调查内容			备注
环境管理	4	日常监测计划及执行情况	监测制度		
			污染源监测报告		
	5	环境风险管理制度及执行情况	环境风险应急预案		
			事故水池、消防水池和消防废水收集池（兼作初期雨水收集池）设置情况		
			其他（罐区）		
	6	排污许可管理	排污许可证		
	7	清洁生产审核			
	8	非正常工况信息记录台账			

图2 园区企业摸底调查表

图3 园区周边居民区调查

3. 地下水饮用水水源现状调查

为查明开发区内农村饮用水水源情况，管家团队对开发区内 61 个村庄的地下水饮用水水源情况进行了调查，调查内容包括水源井坐标、井深、井结构类型、井口直径、用途、成井时间、村庄人数及水源地划分情况，并按照生活饮用水水质要求进行水质监测（图 4）。

图 4　园区及周边农村饮用水水源井调查

4. 地表水现状调查

汇总历年来开发区内河流的水质情况，对监测点的数据进行横向和纵向对比，分析其水质变化情况。2017 年 11 月下旬，根据设置在流经某国家级开发区的主要河流例行监测点在线监测数据可知，该主要河流中 COD、氨氮和总磷出现超标，此次事件引起了省、市及开发区管委会等政府部门高度重视。为查明超标原因，管家团队协助陪同开发区管委会管理人员沿河溯源，寻找可能存在的废水污染源，并委托有资质的监测单位对汇入支流的废水水质和支流河水水质进行了检测，查明了超标原因，提出了应急预案，进而为保护地表水水质、改善生态环境提供了有力支持（图 5）。

图 5 园区所在流域地表水体现状调查及采样

5. 园区基础档案库

建立园区自然环境、社会环境基础数据（气象、地表水、水文地质、土壤、土地利用、社会经济等）的平台。

园区内入驻企业环保手续的办理情况（环评批复、验收批复）、排污许可执行情况（排污许可证申请、延续）、环保台账检查情况、环保执法检查情况、环境管理情况（包括设备台账管理、环保设施台账管理、在线监测运行及维护管理、日常监测计划、环境风险管理制度及执行情况、排污许可管理、清洁生产审核、非正常工况信息记录台账）等，建立园区企业环保合规档案和环境管理数据库，梳理、完善园区环境档案，根据园区内企业入驻情况和生产情况实时更新。

6. 园区管理咨询、环保咨询与培训

为园区招商引资、结构调整、转型升级等提供环保服务；对园区企业能否入驻，如何布置等从环境保护角度提出建议和意见。协助园区落实各项环保法律法规、政策，协助建立和完善环境管理制度、责任体系。对园区内环保主管部门及园区内企业提供政策、法规、标准等方面的环保宣教与培训。对园区的环境质量数据进行统计分析，编制园区年度环境报告；对影响园区环境质量、环境安全等方面的问题，提出解决方案；对园区内企业的环保问题提供环保咨询。对园区内的污染源普查技术支持。协助园区环保部门对园区内企业排污许可申报进行合规性审核；协助园区环保部门完成对企业排污总量和环境保护税核算工作。

按照国家环境保护管理要求，组织并推荐国家级、省级环保专家参加园区环境保护技术咨询和管理工作，包括但不限于环境保护执法检查、环境管理技术咨询、排污许可专家技术评估等工作（图 6）。

图 6　园区专家现场指导

7. 排污许可申报及技术报告评审

2017 年，组织了 23 家企业排污许可评审会，组织专家深入企业现场进行踏勘，严格按照企业工艺流程、产排污节点及环保设施等逐一进行了现场检查。踏勘现场后，与会专家对报告中排污单位现状、污染物排放情况、影响总量变化的因素分析、污染物申请排放量和执行标准、污染物排放量确认方法、结论等多方面结合企业现场实际，对企业排污许可技术报告进行全面评审，对企业现场和报告中存在的问题提出了改进意见（图 7）。

图 7 园区内企业相关技术报告评审

8. 园区规划编制

编写《园区规划环评及跟踪评价》《"十三五"生态文明建设和环境保护规划》《"十三五"主要污染物总量控制规划》《"十三五"节能环保规划》《大气污染防治规划》《水污染防治规划》《土壤污染防治规划》《园区达标规划方案》。

9. 例行监测点设置合理性分析

完成承德市 5 个环境空气例行监测点离宫、中国银行、铁路、开发区和文化中心 PM_{10} 24 小时平均浓度、$PM_{2.5}$ 24 小时平均浓度、SO_2 1 小时及 24 小时平均浓度、NO_2 1 小时及 24 小时平均浓度、O_3 1 小时、8 小时及 24 小时平均浓度、CO 1 小时及 24 小时平均浓度例行监测数据统计工作，根据记录的例行监测点常规监测数据，从气象条件分析例行监测点设置的合理性，为开发区选取合适的例行监测点位置提供数据支撑（图 8）。

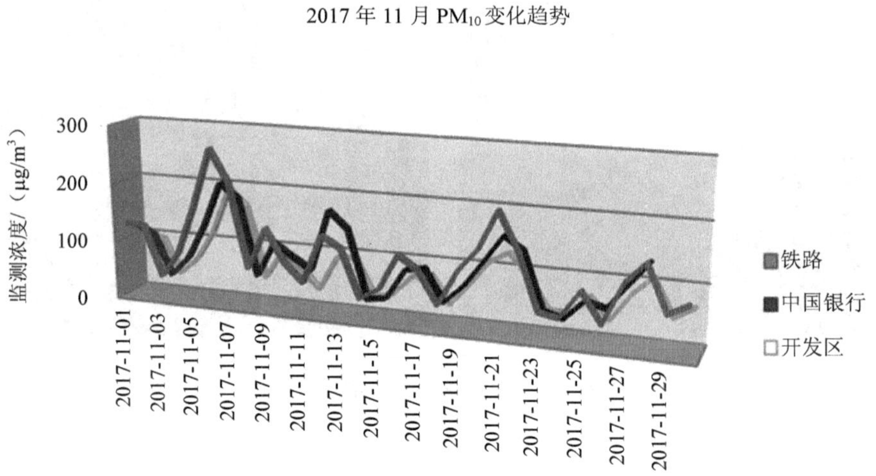

图 8 例行监测点 PM_{10} 变化趋势

10. 园区环境风险排查及突发环境事件应对

定期对园区内企业进行全方位环境风险隐患排查工作，针对发现的问题提出整改方案并编制风险预案。

协助园区内企业完善突发环境污染事件的应急机制，指导实施突发环境事件应急预案、定期演练，提高预防与应对各种突发事件的能力。

对排查出的环境安全隐患向园区管委会反应，针对发现问题的企业提出专业意见和建议，协助企业落实整改。

11. 环境年度信息报告

对园区内企业历史及现状各类环保数据及时收集和统计，上传至信息平台，依托先进的大数据理念，对数据分类处理，寻找其中的规律，为更好地制定污染防治措施提供理论和数据基础。根据大数据平台的成果，制定环境信息年度报告。

12. 环保大数据平台构建

根据园区自然环境数据、企业生产情况及排污信息数据等基础资料，通过大数据分析、利用移动互联网技术，建立园区企业动态化平台，同时整合专业咨询团队，为园区提供的一站式、全方位、全生命周期的环境管家服务。

大数据平台构建委托北京华志信软件股份有限公司开展（图 9）。

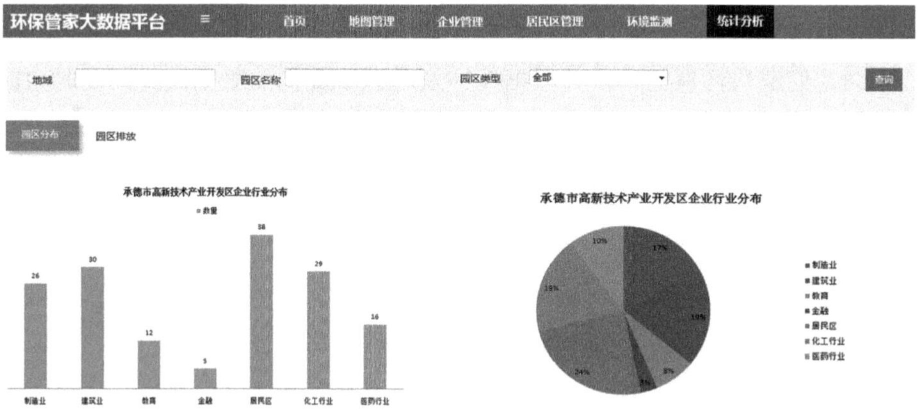

图 9　园区环保管家大数据平台截图

四、服务启示

党的十九大以来，国家继续深化供给侧结构性改革，深化机构和行政体制改革，推进绿色发展，改革生态环境监管体制，坚决制止和惩处破坏生态环境行为，为环保管家工作的开展提供了更有利的政策支持，进一步营造了良好的市场氛围。环保咨询将从环境影响评价的小咨询，走向环保管理的事前、事中、事后全过程服务的大咨询，在广泛的市场需求前，环保管家行业必将有一番大作为。

环保管家服务可实现四大价值，管理价值：协助企业完善环保管理制度，加强企业执行力，促进管理规范化，提高管理效率，降低管理成本。经济价值：降低企业环保成本，提升企业整体经济效益，协助企业合理规范环保领域的投入，实现良性发展。政策价值：增强企业对环保政策的认识，紧跟国家及地方环保发展战略，避免企业因违法违规而造成的各方面损失。社会价值：帮助企业达标排放，促进企业与政府、民众的有效沟通，避免或降低企业对社会造成的负面环境影响。

积极与园区管委会和企业进行沟通交流，协助管委会妥善处理好高新区各个企业的环保问题，与企业建立良好的合作伙伴关系，让企业由心底感受到我们是真心帮助他们解决环保问题，并根据反馈及时调整我们的服务模式，及时为园区内的各个企业解决环保政务、技术工程、运维管理及应急处理等“全方位”的环保问题。将力求为企业提供全方位、24 小时、365 天环保问题解决方案的一站式服务，与服务企业构建绿色发展命运共同体，践行习近平总书记提出的“绿水青山就是金山银山”的“两山论”，坚持节约资源和保护环境的基本国策，以改善环境质量为己任，执行最严格的生态环境保护制度，形成绿色发展方式，将履行治理污染的责任和义务作为行动自觉，打造绿色品牌，推进提质增效，实现企业绿色发展、可持续发展。

由于该园区环保管家技术服务开展时间较短，正处于起步阶段，加之园区企业众多，与企业尚未形成有效的互动，下一步将深入企业了解其生产运行状况，对于发现的环保问题及时与企业和管理部门沟通，在最短的时间内消除环保隐患，确保园区内诸企业环保设施持续稳定运行，污染物持续达标排放。后期建立起大数据平台，将为每个企业建立属于自己的数据库，既方便园区管理，又方便企业及时发现环保问题，及时更正。定期对园区存在重大危险源进行排查，确保其稳定运行，避免事故的发生。

五、服务点评

在工业园区实施环保管家服务的主要优势在于以专业、独立的第三方环保服务减轻了园区环保管理所需的专业性和技术性要求，弥补园区环保主管部门专业人才短缺的短板，解除了管理者的后顾之忧，提升了各企业的管理水平，实现了专业的人干专业的事，促进了园区整体环保管理水平的提高。

工业园区环保管家服务目前仍处于探索阶段，还存在诸如服务标准不规范、市场机制不健全、缺少落地资金等问题，因此，要建立环保管家服务市场，需要进一步由园区管理部门、园区企业和环保服务单位共同努力推进，密切配合，建立一套特点鲜明、效果显著、运转顺畅、多方共赢的环保管家服务机制。

案例6　J省J市工业园区环保管家服务

环保管家服务委托方：J省J市工业园区管委会

环保管家服务受托方：浙江清科环保科技有限公司

一、环保管家服务背景

J省J市为代管县级市，位于丘陵与平原过渡地带，东北南边多山，中部平原与丘陵交错，西部多平原。该市工业园区位于市区东南方向，园区以化工（原料药制造、农药、精细化工）企业为主。由于环境监管不到位，部分企业环保管理不落实、治污设施建设不到位。另外，该园区产生危险废物的企业比较多，大多数企业台账不细不全，在危险废物管理方面漏洞较多。园区规划选址先天不足，在低气压南风气象条件下，异味扰民问题比较严重，曾被媒体曝光并引发群体性事件。此外，中央环保督察组反馈意见指出，J市还存在部分地表水体难以满足相应功能区水质要求、工业园区污水处理厂提标改造进度迟缓、城区生活污水直排地表水体等环境问题，以上部分问题由环保部挂牌督办，上述环境问题严重影响和制约了J市的经济发展。

J市工业园区为J市主要污染源，严重影响J市的环境质量。J市工业园区管委会及J市政府亟须聘请第三方专业机构解决园区区域以及全市域的环境问题。

二、环保管家服务内容

根据J市市政府及园区管委会要求，希望通过环保管家服务可解决以下问题：

（1）园区企业环境问题分析；

（2）协助建立污染源监测和管理平台；

（3）企业污染源达标排放；

（4）企业环保技改咨询；

（5）园区环境问题治理、环境质量改善；

（6）园区企业环保管理提升；

（7）帮助市环保局建立健全管理机制，做好企业环境档案管理；

（8）市政府环保决策咨询；

（9）J市重点环境问题改善。

环保管家帮助J市工业园管委会新建了覆盖所有企业的大气在线监控平台系统、园区雨水排水系统，推动了企业安装雨水在线监测系统、循环水水表等工作，在以上工作的过程当中，积极为园区管委会出谋划策，就各企业监测设备设立的规范性、监测指标、监测标准和运维情况提供专业的咨询建议。针对J市市政府和工业园区的需求，结合J市和工业园区企业的现状，通过以下方式开展环保管家服务，以满足业主需求。

1. 园区企业环境问题分析

通过为期半年的调研分析，深入企业服务，梳理出园区所有企业三废产生、处理和排放清单，确定气、水、固废重点排放源，确定亟待整改企业名单（图1）。

图 1　上门服务进行调研

2. 协助建立污染源监测和管理平台

大气方面，环保管家团队协助 J 市工业园管委会新建了涵盖所有企业的大气在线监控和在线监控平台。通过平台的有效监控和推进企业整治工作，基本可解决企业超标排放和异味扰民问题。

水方面，环保管家团队协助 J 市工业园管委会新建了园区雨水排水系统，推进企业安装雨水在线监测系统、循环水水表、水平衡核算等工作，开展园区各企业的污水超标排放及偷排、漏排等问题梳理和整改工作。

固体废物方面，管家团队在日常的咨询服务中，协助环保管理部门检查企业的固废、危险废物台账，帮助企业规范固体废物管理。积极参与 J 市工业园区危险废物处置中心的建设工作（图 2）。

3. 企业污染源达标排放

以在线监测平台为抓手，对企业的各个排放口进行严格管控，针对超标排放的情况进行现场检查，帮助企业寻找超标原因，立行立改。对于难以稳定达标排放的排放源，为企业提供技术支持，对环保装置进行调试。另外，结合企业生产实际状况推进环保技改，从源头上减少污染物排放（图 3）。

图 2　在园区进行雨污分流调查

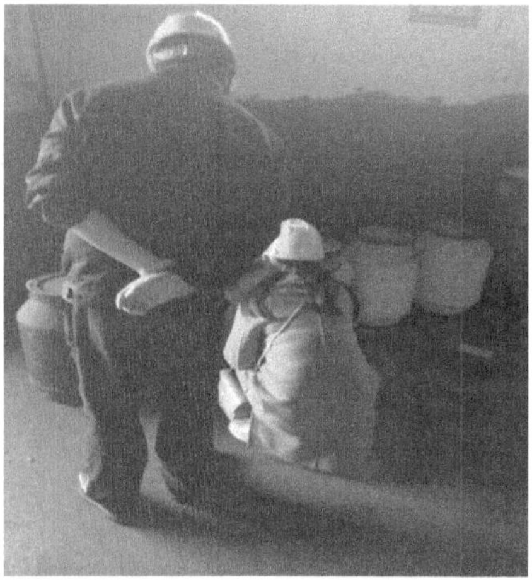

图 3　在企业进行危险废物核查

4. 企业环保技改咨询

管家团队已深入园区各企业进行实地工作，对各个生产区域的生产工艺进行研判，总结各企业的生产状况排污节点，监督企业针对不达标的排污点位进行整改。在企业环保提升技改的过程中，管家团队针对存在的问题、整治验收等方面，为企业提供了专业、细致的咨询服务，在解决实际问题的同时，管家式的服务受到了园区管委会和各企业的一致好评（图 4）。

图 4　为企业制订技改方案

5. 园区环境问题治理、环境质量改善

通过管家团队在园区开展工作，目前园区企业的超标排放、偷排漏排已得到有效地遏制，在企业污染物排放总量减少的基础上，园区环境质量得到改观。下一步，该公司将继续推进相关工作，以期园区环境治理工作再迈上一个新的台阶。

6. 园区企业环保管理提升

在深入了解各企业的同时，团队的专业服务能力得到了园区企业的认可，大量的企业向管家团队寻求环保技术支持。在日常服务和园区环保巡查过程当中，技术组人员充分了解并评估园区企业的环保管理制度、环保人员配备、专业水平等。对于评估结果不佳的企业，重点上门进行培训和讲解，帮助企业提升环保管理水平（图 5）。

图 5 为企业开展环保培训

7. 帮助市环保局建立健全管理机制，做好企业环境档案管理

在已经开展的环保咨询工作当中，专家组积极配合 J 市环保局的各项要求，双方建立了信任融洽的合作关系。根据该公司在全国其他地区和浙江省开展环保工作的经验，经常向环保管理部门推介国内的优秀管理经验和模式，帮助 J 市环保局建立更加高效的管理机制。

管家团队为园区内共 40 家企业建立分项、专项环保档案。将各企业存在问题、整改进度、整改结果等内容及时整理汇总形成 J 市工业园区的环保管理档案，提供给环保局进行动态监管（图 6）。

图 6　帮助企业整理环保档案

8. 为市政府环保决策提供咨询支持

管家团队在为园区服务的同时，注重积极与 J 市环境保护局和市政府进行协商沟通。受邀定期参加由主管副市长组织的环保问题联席会议，针对环保管理部门和市政府在环保决策方面遇到的问题，提供专家现场解答服务，并多次派专家参加市领导专项考察调研活动。

9. J 市重点环境问题改善

针对 J 市被环保部约谈中提到的重点环境问题，提出切实有效的解决方案。针对 J 市工业园区污水处理厂提标改造进度缓慢等问题，管家团队安排专职人员参与改造方案的评审、提出意见，积极推进工程进度。

三、环保管家服务成果及效果

经过一年期的环保管家服务，J 市工业园区及市区的环境质量大幅度改善。过去常年困扰当地群众的异味扰民问题基本得到有效解决，在环保管家服务期内，无群体性事件发生。环保管家服务为当地市政府解决了环保心病，为当地的稳定和发展提供了坚实的基础。

通过环保管家服务，当地工业园区管委会建立了完善的大气、雨水监测系统，倒逼企业达标排放，有效地遏制了偷排、超标排放等违法行为。此项工作不仅帮助园区解决短期的环保难题，而且为长效管理和政策研判提供了坚实的数据基础。

另外，通过环保管家专家团队的现场服务，推进园区企业实施了大量的环保提标技改工程，此举一方面帮助企业具备了环保达标排放的硬件条件；另一方面通过培训和现场服务，帮助园区企业牢固树立守法意识。

四、服务启示

（1）在以改善环境质量为核心的环境管理要求下，环保需求升级，环境执法越加严格，群众环保呼声越来越高，环保管家服务应时应势地成为环保部门实施环境管理和落实企业环保主体责任的得力帮手。通过政府购买第三方服务的方式开展环保管家服务，市场前景广阔。

（2）企业亟须解决的环境问题往往比较复杂，多是历史遗留的综合性难题。

要求环保管家团对的技术人员具备较强的专业知识和丰富的一线管理经验，必要时建立专家队伍，利用外脑解决疑难杂症。

（3）本次环保管家服务中采取部分技术人员驻场的方式开展环保管家服务，有助于及时地发现用户需求，并快速响应，解决了长期得不到解决的扰民问题。

（4）环保管家应具备一站式环保综合服务能力。开展环境综合整治不仅需要环境咨询服务，同时还需要监测、设计和施工等方面的能力，才能提供一揽子的环境解决方案。

五、案例点评

浙江清科环保科技有限公司为 J 省 J 市工业园区开展的环保管家服务具有以下几点。一是服务周期一整年，这是县域或园区开展环保管家服务比较适当的时间尺度。二是服务深度有代表性，管家服务既有培训、排查、咨询等层面的服务内容，也有设计、平台开发等深层次服务。三是充分利用专家资源，往往一个管家团队的能力是有限的，利用外脑是开展环保管家有益的尝试。四是环保管家服务的效果较显著，帮助地方政府和工业园区解决了棘手的群众投诉问题，没再发生群体性事件，也建立了强化监管的长效机制和手段。

案例7　浙江嘉兴港区环境风险排查环保管家服务

环保管家服务委托方：浙江航天恒嘉数据科技有限公司
环保管家服务受托方：浙江省环境科技有限公司

一、环保管家服务背景

嘉兴港区是浙江省内典型的石化、化工行业聚集地，据不完全统计，港区内仅化工新材料片区已有100余个各类废气排气筒。各企业生产产品各不相同，排放的污染物种类繁多，再加上危险化学品生产储存装置规模较大，大部分生产都是在高温高压下进行，且化工企业之间相互比邻，一旦发生危险化学品泄漏、火灾爆炸等事故，极有可能产生严重后果，区域环境风险防范的压力较大。

2015年6月12日，嘉兴港区党工委与嘉兴港区管委会联合印发《嘉兴港区智慧园区建设方案》的通知，确定园区建设最终要实现“生产智能化、管理智慧化”的总体目标，使园区跻身全国智慧化工园区示范行列。同年9月，嘉兴港区管委会与航天恒星科技有限公司签订战略合作协议，着力创建全国性智慧化工园区试点。

为配合智慧化工园区的创建，结合嘉兴港区企业环境风险及污染源监管难度大的现状，在港区环保主管部门的协调推动下，浙江航天恒嘉数据科技有限公司委托浙江环科环境咨询有限公司开展“嘉兴港区企业环境风险排查及监测”工作，对港区内主要重污染行业企业正常生产条件下稳定达标风险和区域环境质量达标风险进行排查，同时兼顾企业突发环境污染事故风险排查。

二、环保管家服务内容

通过对嘉兴港区内主要重污染行业企业的环境风险排查，发现各企业现存的环境风险隐患；根据园区企业排放口的污染因子及浓度监测结果，明确能否达到国家、省及地方出台的污染物排放、控制标准和清洁生产要求，对环境风险较大的企业提出有针对性的整改要求，督促企业完成整治整改工作，进而使企业及嘉兴港区整体的环境风险防范水平能够得到明显提升。

1. 风险排查企业概况

嘉兴港区化工园区于 2008 年被命名为“中国化工新材料（嘉兴）园区”，规划面积 10 km^2，已开发面积约 6 km^2。园区积极走循环经济、节能降耗和生态化建设之路，大力发展以化工新材料、有机化学原料、现代物流为主导的临港产业，重点发展工程塑料、合成橡胶、硅材、新型表面活性剂、新型阻燃剂等化工新材料的上下游产品。目前园区拥有聚碳酸酯、表面活性剂、橡胶、有机硅及 PTA 五条产业链，集聚企业 135 家，已入驻的主要化工企业有 40 多家，如英荷壳牌、日本帝人、德国巴斯夫、德山化工、韩国乐天、浙江嘉化能源化工、三江化工、合盛硅业等。

根据嘉兴港区环保局提供的调查企业名单，排查范围覆盖石化、化工、储运处置业 3 个重点行业，共 34 家企业，其中石化（9 家）、化工（19 家）、化学品储运（5 家）、危险废物处置（1 家）。

2. 风险排查主要内容

此次风险排查对象为企业生产常态下稳定达标风险和区域环境质量达标风

险，兼顾企业突发环境污染事故风险排查。重点排查内容为企业废气防治和排放风险，兼顾企业废水排放风险和固体废物处理处置风险排查。

（1）大气污染源调查。结合行业清洁生产要求、VOCs 整治规范要求、污染物达标排放、环境风险应急防控和总量控制要求等对企业进行排查，提出问题和整改建议。

（2）大气污染源分析。根据排查结果，确定区域污染来源和分布，建立大气污染源数据库，分析区域大气污染源活动情况，模拟分析减排潜力。

（3）环境风险评估。根据区域重大危险源的分布及其特征，预测分析园区可能出现的事故类型、影响范围、事故后果以及可接受程度，提出对策建议。

（4）整治评估。根据国家、省、地方各项整治要求，全面评估企业的整治落实情况及持续改进情况。

（5）废水核查。排查企业废水排放口是否设置规范，是否安装在线监测设备、是否存在偷排漏排行为，是否满足稳定达标排放要求等。针对企业废水排放过程中发现的问题，提出废水排放风险防范要求。

（6）固体废物、危险废物核查。排查企业工业固体废物和危险废物依法处理处置情况，提出风险防范要求。

（7）其他。例如，企业污染源及污染治理设施情况、企业生产经营合规性情况、企业主要污染物达标排放情况、企业环境管理制度等。

3. 风险排查工作方案

企业环境风险排查是系统性的工作，此次排查企业多为化工企业，工作量大，难度高、任务重。为顺利开展工作，公司成立项目工作组，根据项目各阶段工作任务，制订了详细的工作方案。

（1）前期准备、动员及资料收集阶段。2017 年 1 月，在嘉兴港区环保部门的协调下，组织所有企业参加风险排查工作动员培训会，要求企业分管环保的领导及企业内部环保部门参加。在前期准备阶段，项目工作组还制定了《风险排查重点工作手册》，专门设计了企业风险排查汇总表、风险排查资料收集清单等。

（2）排查监测阶段。2017 年 2 月，项目组派出 10 位经验丰富的高级工程师组成调查组，进行现场调查，对园区内各项指标本底数据和企业污染物排放情况等资料进行收集和分析，制订了切实可行的监测方案。现场调查期间，工作组摸清园区各项指标本底数据，对园区内重点企业废气进行了翔实的调查。主要调查内容有：企业废气污染物产生源点和形式、废气产生种类和数量、治理措施和效率、排气筒设置等情况；摸清企业正常生产状态下（负荷 75%以上）时，企业废气排放因子浓度和排放速率。除生产车间外，还对企业污水站、冷却水站、危险废物仓库等废气进行了排查。

（3）预测分析阶段。2017 年 5 月，工作组根据区域重大危险源的分布及其特征，预测分析园区可能出现的事故类型、影响范围、事故后果及可接受程度。结合环境风险事故后果计算，分析评价现有风险防范措施存在的问题，并从区域产业布局、基础设施建设、公用工程配置、安全管理、区域联防联控等多方面、多角度提出降低环境风险的对策、措施和建议。

（4）深化完善阶段。2017 年 6 月，在已有的废气、废水风险防范措施的基础上，增加固体废物管理现场核查，通过深入核查分析，查找风险隐患，帮助企业及时整改、规范固体废物管理、消除隐患。同时，帮助管理部门梳理出辖区内固体废物产生和处置之间存在的缺口，为区域性固体废物处置设施的能力建设提供决策依据。

（5）拓展研究阶段。2017 年 7 月，根据区域 VOCs 污染源的分布和排放情况，综合分析不同控制情景下 VOCs 污染物排放对环境空气质量的影响；通过排查，了解 VOCs 管理和控制的不足之处，分析企业减排的潜力，从而评估不同的减排政策所需要的投入成本和环境收益，进而为区域 VOCs 污染源的管控政策提供参考。

三、环保管家服务成果及效果

1. 服务成果

（1）技术成果。完成了《嘉兴港区企业环境风险排查及监测个体报告》《嘉兴港区环境风险排查及监测（阶段性）报告》《嘉兴港区企业固体废物核查报告》《嘉兴港区环境风险排查及监测总报告》。

（2）成果验收。2017 年 7 月 5 日，嘉兴港区智慧化工园区正式上线启动，成为国内智慧化程度最高的化工园区。2017 年 11 月 16 日，嘉兴港区智慧化工园区（一期）项目通过专家评审组验收。

2. 服务效果

从嘉兴港区管委会角度，通过此次风险排查，对园区重大危险源进行识别和梳理，核实各排放源污染物排放浓度和总量，为有效地应用排污许可证进行环境管理、制定区域大气污染物排放总量削减战略、排污许可权交易制度和环境保护税征收等管理制度奠定重要的数据基础。

从嘉兴港区环保局角度，由第三方专业技术人员对辖区内重点工业企业现场检查，建立环保"一厂一档"，为环保隐患的早发现、早整治提供了有效降低环境风险的解决思路和方法。借力专业机构的技术支撑能力，有利于增强基层环保力量，弥补监管能力不足的短板，实现对企业污染治理和环境风险管控的精细化和专业化。

从企业的角度，环境风险隐患排查，有利于强化企业内部环境监管，降低环境污染风险，提升企业环保形象。专家式的"上门体检"可以帮助企业发现环境管理的薄弱环节，降低企业环境风险损失，实现环保效益与经济效益的"双赢"。

四、服务启示

1. 获得的启示

分析最新的环保政策导向，政府对环境质量负责，环境管理方向将侧重宏观，防控风险。企业对污染防治负责，环境管理强调规范，自证守法。环保管家服务正是满足环境质量改善与污染防治需求的融合发展。但是要做好环保管家服务，促成公司自身的发展，必须补齐短板，拓展服务领域，延伸服务链，打造环保管家服务品牌。

2. 取得的经验

（1）新型服务领域的探索。化工企业环境风险排查是传统咨询公司深化企业服务的新探索，通过此次环保管家服务，一方面可以让以前单纯从事环评行业的工作者深入一线，了解企业真实状况，发现企业环保问题，锻炼队伍；另一方面有助于传统环境咨询公司总结归纳现有化工企业存在的共性问题，进一步了解市场需求，拓宽业务渠道，促进咨询机构转型发展。

（2）增值服务的延伸。党的十八大后，我国生态文明建设进入加速期，环保新政频繁密集出台，政策环境的变化需要传统的环评咨询企业重新审视发展模式。在未来环保服务市场高度开放的环境下，原有的同质化竞争、粗放式管理将发生颠覆性的变化，定制化、个性化的专业服务，精细化的环境管理方式将成为市场发展的方向。环保管家服务同传统的环境咨询业务最主要的区别在于环保管家提供的是主动的、稳定的、个性化的定制服务，以本次环境风险排查为例，环保管家提供的不仅是完成一次排查服务，更是借助排查，建立一种长期的稳定服务，提供给企业解决问题的有针对性的专业建议和渠道，真正解决企业和环保主管部门面临的环境问题。

五、案例点评

浙江省环境科技有限公司开展的嘉兴港区环境风险排查环保管家服务案例难度较大，体现了该公司的管家服务的水平和综合实力。此次环保管家服务工作思路清晰，细致入微。服务后及时分析总结，凝聚共识。

在环境保护新的形势下，环保管家作为新型的服务模式，通过系统化、专业化、精细化、定制化的环保服务，可统筹解决环境问题，降低环境污染风险，完善环保管理制度，提升环境管理水平。环境风险排查是企业实现绿色健康安全发展的第一步，也是环境管理的新需求、新发展。此次环保管家服务为传统环境咨询公司转型发展，开展环保管家系列服务提供了新的方向，也为该公司服务链的延伸提供了新启示。

第四章

企业环保管家服务案例

案例8　陕西延长中煤榆林能源化工有限公司环保管家服务

环保管家服务委托方：陕西延长中煤榆林能源化工有限公司
环保管家服务受托方：中圣环境科技发展有限公司

一、环保管家服务背景

陕西延长中煤榆林能源化工有限公司是一家大型煤、气、油综合利用化工企业（图1），该公司主要负责靖边化工园区项目。2009年11月，该项目被国家发改委和联合国等相关组织确定为“清洁煤技术示范推广项目”，是陕北能源化工基地的重点项目，也是延长石油煤、气、油综合转化，实现上下游多联产的第一个示范性工程。

图1　延长中煤榆林能源化工有限公司

公司一直以来都严格按照国家和地方环保要求规范环保设施建设和运营。为进一步推进节能减排，实施绿色发展战略，公司梳理出一系列急需解决的环保问题，主要包括以下内容。

1. 规范日常环保管理需求

由于企业专职环保人员不足，环保人员对于新出台的环保政策法规、标准规范等应接不暇，对于新的电子建档、排污许可规范、污染物在线填报等线上系统也疲于应付，日常环保管理难以顾及周全。

2. 环保设施建设及运维需求

企业生产中杂盐、污泥等危险废物产生量大，需要建设专用危险废物填埋场，填埋场的选址、投资建设、运维等一系列环保服务需要第三方提供专业技术支持；煤油气资源综合利用一期启动后，项目填平补齐工程锅炉急需进行脱硫设施改造。

3. 装置操作演练培训需求

由于化工装置不允许在运行过程中进行试验性操作，装置操作技能的提高只能采取授课方式，然而由于授课培训存在周期过长、培训效果不佳、技能鉴定缺乏有效途径等缺点，需要建设仿真系统平台，对员工进行开停车以及应急事故演练操作培训。

4. 其他咨询服务需求

企业希望通过专业的环保团队提供一揽子服务以解决相应的环保问题。

二、环保管家服务内容

中圣环境科技发展有限公司（以下简称“中圣公司”）隶属于陕西环保产业集

团，其环保管家服务秉承“专业的事情让专业的人来做”的服务理念，以公司环保管家数据库为平台，以为客户提供尽职调查为基础，以向客户提交年度环境报告为核心，和客户建立持久的服务关系，为客户的环保问题把脉诊断，向客户提供“管家式”一体化环保服务和综合解决方案。

中圣公司接受委托后，第一时间成立了环保管家项目组，与企业面对面交流，了解企业需求，并组织行业和环保专家团队对企业进行初次环保体检，根据时间安排提出服务方案。方案经审查后，企业决定环保管家采取固定服务和定制服务相结合的服务方式。

1. 固定服务

按年度固定向企业提供管家式服务，包括环保体检、排污许可证申报、环境管理等。具体内容包括以下几方面。

（1）环保体检。针对企业工艺复杂，项目类型多、规模大的特点，环保管家组织专家团队进行一年两次环保体检，协助企业进行自查，提供尽职调查报告。

（2）自备电厂排污许可证在线申报。协助企业自备电厂开展排污许可在线申报工作。

（3）石化化工排污许可证在线申报。协助企业石化化工部分开展排污许可在线申报工作。

（4）排污许可执行报告编制。协助企业完成服务年内自备电厂、石化化工部分的季度、半年度及年度排污许可执行报告等工作。

（5）环保档案管理。组织专业归档人员对企业环保资料进行整理归档，健全后期管理机制。

（6）协助企业开展环境培训和管理。组织专家团队针对企业运行状况及最新环保要求，不定期进行环保培训，内容覆盖环保政策法规、环保设施操作规程等方面；协助企业开展应急预案演练；及时响应企业环保需求，协调相关环保部门，解决政策、标准、总量、环评和验收等方面的沟通问题。

2. 定制服务

根据企业的环保工作需求和特殊情况，开展环保管家定制服务，专业化解决企业特殊环保问题。协助陕西环保产业集团下属各专业公司开展环保基础设施建设及运维、仿真系统建设咨询等服务。

（1）开展定制咨询服务。区域地下水环境脆弱性评价服务；供水工程项目环境影响评价。

（2）环保设施建设及运维。通过环保管家总体协调，协助陕西环保产业集团内专业公司建设处理规模为 14 万 t/a，填埋区库容 300 万 m^3，总占地面积 400 亩（1 亩=667 m^2）的危险废物填埋场及附属设施，具体包括危险废物暂存库、固化/稳定化车间、安全填埋场、废水处理站、办公楼等；协助集团内专业公司在国家大力推进环境污染第三方治理工作，积极推行污染治理工程的设计、施工和运营一体化服务模式基础上，开展锅炉脱硫设施 BOT 项目。

（3）仿真系统咨询服务。通过环保管家总体协调，协助陕西环保产业集团内专业公司进行仿真平台建设，利用 VR 技术模拟安全与环保事故等，高精度 3D 虚拟建模、逼真沉浸式体验和数据交互等。

三、环保管家服务成果及效果

根据委托内容，公司按时间节点制订了详细的工作方案，每一项服务完成后取得业主相应的工作确认。

1. 固定服务

（1）环保体检。安排专职技术人员协调专家团队入厂完成初次环保体检，彻查了企业存在的环保风险，出具调查报告，向委托单位详细汇报企业体检中存在问题及初步解决方案。

（2）自备电厂排污许可证在线申报。安排专职技术人员进行火电行业排污许可证的申领，并于2017年6月顺利取得了排污许可证；安排专职技术人员作为环保管家的客服人员，定期督促企业火电行业排污许可证自行监测，协调监测单位入厂进行监测；编制执行报告。

（3）石化化工排污许可证在线申报。安排专职技术人员正在进行石化行业排污许可证的申领。

（4）环保档案管理。服务过程中，恰逢陕西省环境保护厅推动建立“四个机制”的重点污染源管理改革，“四个机制”即：“一厂一档”台账、“一厂一策”巡查、“一厂一案”响应、“二维码管理”等，在企业接到《陕西省环境保护厅办公室关于建设四个机制规范重点污染源监管执法的通知》的通知文件后，环保管家队伍认真研读，积极沟通主管部门并掌握文件精神，协助企业圆满地完成了建档管理等相关工作。

（5）协助企业进行环保培训和管理。组织行业专家入厂培训，内容覆盖环保政策法规、环保设施操作规程，通过培训，使管理岗位的人员增强了环保意识，一线岗位的操作人员增长了环保设施运维知识；协助企业完成了新建二期项目的污染物排放总量指标竞拍。

2. 定制服务

（1）开展环评等咨询服务。正在开展区域地下水环境脆弱性评价和供水工程项目环境影响评价工作。

（2）环保设施建设及运维。协助集团内专业公司与靖边县政府开展危废填埋场的选址，并完成《靖边能源化工综合利用启动项目填平补齐工程危废填埋场项目》前期筹备工作；协助集团内专业公司完成《延长石油靖边能化园区煤油气资源综合利用一期启动项目填平补齐工程2×320 t/h锅炉脱硫设施BOT项目》前期筹备工作。

（3）仿真系统咨询服务。协助集团内专业公司使用与企业正在使用的化工装置相同专利技术的通用仿真产品，服务于员工仿真操作培训，产品与实际装置虽然存在些许差异，但技术路线一致、数据及操作相似度较高，可以满足员工的基本操作培训要求。

通过环保管家建立的友好服务关系，较好地按节点完成了年度内固定服务内容，并由此延伸环保管家服务内容，通过一系列定制服务促使陕西环保产业集团及各专业公司与企业达成全面的深度合作。环保管家服务推动了陕西环保产业集团全产业链的深度融合。

四、服务启示

1. 管家服务启示

回顾此次管家服务，获得以下几点启示。

（1）找准迫切需求，适时介入

环保管家作为近年来才兴起的新型的环保综合服务模式，在陕西省乃至整个西北地区认知度有限，适时宣传推广认知度的同时找准服务对象的迫切需求至关重要，所谓雪中送炭才是解决企业当务之急的最有效切入点。

（2）解决疑难杂症，精准把脉

环保管家服务对象会出现这样那样的环保问题，因此环保管家解决问题的能力尤为重要，解决企业疑难杂症，需要专家技术团队准确把脉，找准症结，提出对症下药的解决方案，才能获得企业认可。

（3）扩展服务内容，推陈出新

环保管家服务内容多元化是趋势，企业面临的问题五花八门，从环保管理要求的变化到企业污染设施的提标改造，想要做好环保管家服务，必须推陈出新做到追赶超越，以新的思路、新的服务提升环保管家服务能力提升。

（4）完善技术支撑，百花齐放

环保管家服务需要各个行业、各个板块的技术、设备，因此建立健全设备、技术、工艺数据库作为环保管家的技术支撑才能满足服务对象多样的环保需求，这将是环保管家服务的核心竞争力。

2. 取得经验

总结这次环保管家服务，收获以下几点经验。

（1）完善技术支撑助力管家服务进程

拥有全面的技术支撑体系是提供环保管家一揽子服务的基础，在服务过程中，只有依靠过硬的技术才能找准企业环保需求的切入点，抓稳环保管家服务的着力点。

（2）构建过硬管家队伍保障管家服务的完整性

建立一支精干过硬的专业环保管家队伍才是为企业提供优质服务的保障。只有技术能力出色，专业知识过硬的专业服务团队才能在服务中制定系统全面的专业服务方案，才能快速有效地发现环境问题及环境风险，才能提供最优解决方案，才能按时保质完成环保管家服务任务。

（3）“大数据”建立是环保管家服务升级的必经之路

通过环保管家服务，完善资源人员整合，依靠陕西环保产业集团专业化公司为后盾，逐步完善供应商、专家库等环保管家需要的大数据，将环保管家服务推向智能化、智慧化，是环保管家服务升级的必经之路。

（4）依托行业协会推动环保管家广泛开展

从顶层看，环保管家的发展是崇尚专业化的科学之路；从历史看，环保管家的发展是无从借鉴的探索之路；从现实看，环保管家的发展是环保管理规范化的必由之路；从长远看，环保管家的发展是充满阳光的希望之路。

通过参与中国环保产业协会环境影响评价行业分会持续开展的环保管家技术交流活动，与其他会员单位交流环保管家服务理念、内容、模式及经验，提升环保管家服务效率、质量和能力，不断总结提升、不断创新发展，每个会员都受益匪浅。

3. 存在的不足

（1）服务过程需突出品牌主体

环保管家服务综合性强，需要涵盖各个行业各个专业的基础知识，中圣环境科技发展有限公司依托陕西环保产业集团各子公司发展环保管家服务，但品牌主体不够突出，中圣公司并未起到总揽全局的作用，对集团各专业公司的协调力度不够，还尚未真正发挥管家的作用，整体资源不能有效发挥，遇到技术难题往往易陷入单打独斗的境遇。

（2）技术支撑略显单薄

由于管家服务涵盖面广，服务过程中企业会有各式各样的环保需求，当遇到一些比较冷门的环保设备或技术需求时，作为技术支撑的环保管家由于涉及面不够广，往往会显得捉襟见肘，虽然这些问题会随着设备技术库的不断完善逐步解决，但仍是制约现阶段环保管家服务深入开展的主要问题。

五、案例点评

该案例是中圣环境科技发展有限公司依托其所属的陕西环保产业集团及各分公司开展的环保管家综合服务案例，是一次集团内部开展协同众包服务的有益尝试。陕西延长中煤榆林能源化工有限公司环保管家服务主要以服务受托方专业特长所在的咨询板块内容为主，通过环保管家服务，受托方有效地带动了陕西环保产业集团子公司与委托方的业务往来，也有效地解决了委托方所委托的服务需求。服务过程中，双方建立了良好的合作机制，通过实地调查、驻厂办公、远程协助、电话咨询等手段完成了环保管家服务，后期随着中圣环境科技发展有限公司环保管家智能平台的建设完成，环保管家服务将逐步延伸至移动端和网络端，为服务对象提供更全面更便捷更高效的服务。

过去环境影响评价一直被视作环境咨询的代名词，但其实环境咨询作为环保产业链的最前端，应该为企业提供各种与环保相关的知识和服务。环评机构应转变观念，及时调整业务架构，有效发挥环境咨询对环保产业的带动作用，整合好环保产业上下游资源，让环保管家服务更为专业、高效、深入。

案例9　中石化石家庄炼化分公司环保管家服务

环保管家服务委托方：中石化石家庄炼化分公司

环保管家服务受托方：河北正润环境科技有限公司

一、环保管家服务背景

中国石油化工股份有限公司石家庄炼化分公司前身为石家庄炼油厂，始建于1978年，1983年正式投产，为国家大型一类企业，隶属于中国石油化工集团公司。炼化分公司厂区分为炼油厂区和化工厂区，设计原油加工能力800万t/a，己内酰胺加工能力20万t/a。

炼油厂区主要涉及常减压蒸馏、催化裂化、连续重整、芳烃抽提、柴油加氢、S-Zorb、渣油加氢、蜡油加氢、聚丙烯、气分、硫黄回收等主要生产装置25套；化工厂区涉及甲苯氧化、苯甲酸加氢、硫酸制备、酰胺化单元、硫铵单元、过氧化氢水单元、氨肟化单元、亚硝基硫酸、萃取精制、涤纶生产等主要装置11套，装置较多，污染物种类较复杂。

石炼化企业都设有环保部门，环保管理制度基本完善。但在以环境质量改善为宗旨的新形势下，国家、地方环境政策不断更新，污染排放标准不断加严，监管力度空前，环保监察常态化，企业现有环保管理人员短期内难以全面掌握新政策、准确把握和及时消化新要求，企业环保管理能力不能满足新形势新要求。因此石炼化企业迫切需要系统的、专业的环保管理团队，提高企业管理人员的环境意识和管理水平，降低环境风险、避免违法违规，解决石炼化环保问题。

为使中国石油化工股份有限公司石家庄炼化分公司（以下简称“石炼化”）持续做好各项环境保护工作，实现企业的可持续发展，石炼化与河北正润环境科技有限公司（以下简称“正润环境”）签订了《中国石油化工股份有限公司石家庄炼化分公司环保管家服务工作技术服务协议》。

二、环保管家服务内容

（一）管家服务主要内容

（1）建立企业环境管理数据库，建立环境保护设施清单式管理模式。

（2）根据企业需求，为企业提供环保政策及法律法规的咨询服务。

（3）定期（每月）对厂区环保设施开展一次环保巡查，针对存在的环保问题提出意见和建议，提高环境管理效率，确保环保设施稳定达标运行。

（4）定期（每季）组织环保专题培训，面向环境管理人员和环保设施操作岗位人员，提升环境管理人员管理能力，提升环保设备技术人员专业水平。

（5）每年对全厂环境管理工作进行总结，提供环境管理总结报告。

（二）完成的具体工作

1. 建档建库

（1）收集资料

2017 年 8 月，环保管家团队收集了石炼化炼油厂区及化工厂区从建厂起的所有环评及验收资料，排污许可文件，所有清洁生产以及目前石炼化的各项环保制度等文件。

（2）建立数据库

环保管家团队对上述文件，分厂区、按时间顺序进行了详细梳理汇总，建立了环保手续清单档案管理数据库、基本信息数据库、形成厂区生产装置一览表；对石炼化全厂各装置（改造前、改造后、现状的）环境保护设施进行了梳理汇总，建立了厂区环保设施一览表，并将在线监测结果等进行统计汇总，形成监测数据库。

（3）发现并解决环保问题

环保管家团队通过分析环评、验收文件及在线监测数据、第三方监测数据，并根据新环保形势下环保政策及污染物排放新标准新要求，与企业现状进行对比，指出企业存在某些环保措施不能满足最新的排放标准要求的问题，并为企业提出整改建议。

2. 咨询服务

环保管家为石炼化提供环保政策及法律法规的咨询服务主要包括以下几个方面。

（1）环评验收合规咨询

石炼化 1978 年建厂，后续又进行了一系列新、改、扩建项目建设，经建档整理出炼油厂区环评 38 个，化工厂区环评 6 个，炼油厂区涉及主要装置 35 套，化工厂区涉及主要装置 11 套，均已获得环评批复，已取得 2017 年 3 月 15 日至 2018 年 3 月 2 日排污许可证，但由于卫生防护距离内居民正在搬迁，部分装置尚未验收，环保管家为其提出居民搬迁期间环境问题解决思路，推动其验收工作的顺利开展。

（2）政策咨询

环保管家团队凭借长期在石化行业的知识积累和对环境政策的熟练运用，从石化行业的法律法规、环保政策、排放标准等方面，帮助石炼化准确理解新的环境政策要求，及时调整石炼化环保设施运营管理，使其满足新形势下的环保政策要求，降低环境风险，提高环境治理有效性。

2017 年 10 月，环保管家团队针对石炼化炼油厂区污水处理厂剩余活性污泥和中水处理装置化学污泥鉴定问题，向石炼化详细说明了我国固体废物危险特性鉴别的程序，帮助石炼化向各级固体废物管理中心咨询有关危废鉴定问题，协助石炼化寻找有资质的危险废物鉴别机构进行鉴定工作，推动了石炼化危险废物鉴定工作的顺利开展。

（3）专项技术服务

通过环保管家对石炼化环评及验收、排污许可、清洁生产及企业各项环保制度等文件的梳理，明确石炼化环保合规性，提出石炼化需要开展的一系列专项服务。

①石炼化上一轮应急预案是 2014 年备案，根据应急预案每三年修订一次的要求，提出石炼化需要重新编制环境风险应急预案并备案；

②根据《石化行业挥发性有机物综合整治方案》要求，2017 年全国石化行业要完成 VOCs 综合整治，企业 2016 年进行了 VOCs 污染源排查以及泄漏检测与修复（LDAR）工作，环保管家提出应根据排查结果及监测数据编制 VOCs 污染源排查报告；

③根据中石化要求，石炼化需每 3 年进行一次清洁生产审核，上一轮清洁生产审核验收时间是 2014 年，2017 年应组织开展下一轮清洁生产审核；

④因石炼化 800 万环评验收问题，环保部要求石炼化开展生产规模再评估工作；

环保管家协助石炼化筛选有经验、有资质的服务单位，开展了应急预案编制备案、VOCs 污染源排查、清洁生产审核、生产规模再评估等专项技术服务工作。

3. 环保管家月度巡查

环保管家根据石炼化特点及政策要求，制订了巡查计划，每月到石炼化厂区开展有针对性的环保巡查，针对存在的环保问题提出意见和建议，提升环境管理和环保设施运行水平。

（1）8 月第一次月度巡查

环保管家 7 月 25 日签订合同后，8 月是档案建立阶段，巡查重点是全厂所有生产装置及污染防治设施，全面了解石炼化现状。经巡查发现石炼化设有炼油厂区、化工厂区，炼油厂区主要装置为常减压、催化裂化、航煤加氢、S-Zorb、柴油加氢、蜡油加氢、催化原料加氢、连续重整、气分、制氢、硫黄回收等 25 套，并设有炼油厂区污水处理场；化工厂区主要装置为甲苯氧化、苯甲酸加氢、硫酸制备、酰胺化单元、硫铵单元、过氧化氢单元、氨肟化单元、亚硝基硫酸、萃取精制、涤纶生产等 11 套，并设有化工厂区污水处理厂，并对所有污染治理设施进行了汇总，形成了厂区现有生产装置一览表，污染防治措施一览表。

（2）9 月月度巡查

石炼化 7 月、8 月厂区停产进行大检修，9 月检修结束，各个装置分阶段启动恢复生产，本月的巡查重点是装置启动，环保管家在石炼化制氢装置启动期间到现场巡查，发现制氢装置点火出现不正常工况，通过与企业紧急磋商，配合企业解决了不正常排放问题。

（3）10 月月度巡查

石炼化是危险废物监管重点企业，按照巡查计划，10 月巡查重点是石炼化污水处理场及危险废物库。

巡查发现石炼化炼油厂区污水处理厂剩余活性污泥和中水处理装置化学污泥属于固体废物，但未列入《国家危险废物名录》（2016.8.1）中，目前石炼化按照危险废物进行管理，管理费用、运输费用及处置费用较高。经与石炼化共同商讨，决定对炼油厂区污水处理厂剩余活性污泥和中水处理装置化学污泥根据危险废物鉴别标准 GB 5085.1—6 进行鉴别，环保管家工作组收集相关资料，查阅相关标准、指南等文件，帮助石炼化厘清我国固体废物危险特性鉴别的程序，帮助石炼化咨询各级固体废物管理中心有关危险废物鉴定问题，协助石炼化寻找具有资质的鉴别机构进行鉴定工作，推动了鉴定工作的顺利开展。

（4）11 月月度巡查

石炼化是 VOCs 排放重点企业，需要不断加强 VOCs 的治理工作，环保管家制定的 11 月份巡查重点是火车槽车清洗单元巡查。

巡查发现火车槽车入场后需要进行清洗，清洗采用 4 台水环真空泵，抽真空过程中产生的 VOCs 废气无组织排放，因此建议企业进行治理。因汽油、柴油等一般油品槽车需要进行普洗，航煤等特种油品槽车需要进行特洗，清洗废气排放量具有不稳定性，环保管家工作组协助石炼化找业内专家咨询 VOCs 治理问题，积极配合石炼化寻找可靠的治理技术和实施单位。

（5）12 月月度巡查

根据石炼化占地情况，发现石家庄储备库占地属于石炼化，储备库现有储罐属于石炼化项目配套设施，石家庄储备库计划新增 4 座汽油储罐，环保管家 12 月的巡查重点确定为石家庄储备库。

通过巡查及资料收集，发现储备库现有环评手续依托石炼化项目，占地属于石炼化，计划新增 4 座汽油储罐，环保管家提出根据环评分类管理名录的要求，应该办理环评手续，并为石炼化寻找有资质的编制单位承接环评报告编制工作，积极配合石炼化与环保部门、审批部门协调环评审批问题。

4. 环保专题培训

按照协议要求，环保管家每季度为石炼化组织开展环保专题培训，并为石炼化制订了每个季度的专题培训内容和实施计划。

2017 年 10 月为石炼化管理层干部及班组长进行了清洁生产专题培训。

（1）培训目的

为了有效推进石炼化清洁生产审核的开展，让石炼化管理层干部及班组长认识到实施清洁生产的必要性、实施清洁生产审核的重要意义、清洁生产审核的程序和过程及如何动员全厂职工参与清洁生产。

（2）培训对象

本次清洁生产专题培训对象是石炼化管理层干部及班组长等，共计 65 人参加了培训。

（3）培训内容

邀请了河北省环境科学研究院清洁生产中心专家作为主讲嘉宾，就清洁生产概论、清洁生产政策法规、清洁生产审核、清洁生产技术案例与分析等相关知识进行了系统讲解。

（4）培训效果

通过专题培训石炼化管理层干部及班组长提升了对清洁生产审核的认识及清洁生产意识，了解了清洁生产及清洁生产审核的目的、意义，了解了清洁生产的程序及实施清洁生产审核的过程。通过培训，石炼化管理层干部及班组长在 2017 年清洁生产审核中起到了良好的动员作用，动员全体员工参与，收集清洁生产方案 300 个，目前实施了的 38 个，起到了良好的节能减排作用，提高了石炼化经济效益和环境效益，提高了职工的清洁生产意识（图 1）。

图 1　清洁生产知识培训

5. 环保管家服务工作总结

（1）月报

环保管家根据每月的服务内容，汇总形成月报并提交给石炼化。

（2）年报

环保管家根据 1 年的服务工作进行总结，对全厂的管理工作进行总结，形成年报并提交给企业。

（3）计划

环保管家根据上一年的全面服务及石炼化的具体情况，对第二年的服务提出方向性建议。

三、环保管家服务成果及效果

1. 建档

环保管家根据收集的石炼化的涉及环境保护的文件、规章，建立了环境管理数据库，为今后企业正常开展环境管理打下坚实基础。对各装置环境保护设施进行了汇总，通过分析环评、验收文件、在线监测数据、验收监测数据及第三方监测数据，提出整改建议并得企业到采纳。企业利用停产 3 个月大检修的机会，对不满足新环保要求的废气治理措施进行了改造，节省了时间和经费。

2. 咨询服务

环保管家为企业提供了我国固体废物危险特性鉴别的程序，帮助石炼化咨询有关管理部门，协助石炼化寻找具有资质的危险废物鉴别机构进行鉴定工作，推动了鉴定工作的顺利开展。将根据权威部门鉴定结果，调整固体废物处置方案。

帮助石炼化筛选有资质单位进行了应急预案、VOCs 污染源排查、生产规模再评估、清洁生产审核报告的编制工作。

2017 年 9 月生产规模再评估很好地保证了石炼化的复产，2017 年 9 月 VOCs 污染源排查已完成，2017 年 12 月底石炼化应急预案已完成备案，清洁生产审核正在开展。

3. 环保管家巡查

环保管家定期巡查期间为企业解决了装置启动期间突发环境问题，提出合理化建议，并咨询行业专家深入探讨 VOCs 治理问题，积极配合石炼化寻找可靠的治理单位。

及时发现并帮助石家庄储备库扩建 4 座汽油储罐项目按环境保护要求办理环评手续。

4. 环保专题培训

开展了清洁生产培训，使石炼化管理层及班组长提升了对清洁生产审核的认识，对清洁生产审核的开展起到了良好的动员作用，同时提高了石炼化管理人员对环保政策的把控能力，提高了职工清洁生产意识。

四、服务启示

石炼化是国家大型一类企业，设有独立的环保部门，建立了环保管理制度，建有装备先进的监测站，环境管理机构、人员、设备总体配备完善。环保管家服务尚处于起步阶段，初期企业对环保管家服务不理解，认为环保管家收集企业资料、开展环保月度巡查等增加了其工作负担，也担心环境问题外泄。环保管家在服务中不断摸索良好的沟通方式，调整问题的切入角度，为环保管家服务工作营造互信互通的工作氛围。

环保管家服务要了解企业详细情况，收集企业所有的环保资料，进行分类汇总；关注企业的环保管理水平和实际情况，包括生产、管理、环评、应急预案、清洁生产、VOCs 污染源排查等；关注新政策、新标准出台对企业的影响，第一时间为企业进行传达、培训，有预见性地为企业服务，为企业降低环境风险。

环保管家也需要不断地加强学习，努力提高自身能力，让企业认可环保管家的专业性，对环保管家充满信任与信心，主动为企业进行培训、巡查，关心企业动向，做到企业的事就是环保管家的事，全心全意为企业服务，让企业感到暖心、安心、放心。

五、案例点评

该案例是为大型炼化企业提供的环保管家服务，服务内容涉及建档、技术咨询、环保管家巡查、专题培训等多方面，服务内容较全面。针对企业存在的问题环保管家提出的意见、建议比较符合企业的实际，能够得到企业的认可和采纳，能够从环保管家巡查中发现企业存在的问题，为企业规避环境风险，发挥了环保管家的作用；能够为企业提供急需的专题培训，在提升企业环保管理水平方和意识面发挥了积极作用。

俗话说，打铁还需自身硬。从服务内容深度和服务效果来看，环保管家仍需要提升专业领域方面的知识储备和服务能力。加强对新政策、新标准的跟踪学习和解读，在服务中体现专业素养和专业能力。

河北正润环境科技有限公司服务的中国石油化工股份有限公司石家庄炼化分公司所在行业环境风险较大，前些年该行业一些企业经常因发生安全生产事故引发环境污染事件。这个案例是一个很有特点的案例，但现阶段环保管家服务还不够深入，管家服务虽取得一定效果，但服务的特点还不够突出，在下一步服务中，应不断发掘深层次需求，为企业解决更迫切的痛点。

案例 10　江西省吉安市某资源循环利用企业环保管家服务

环保管家服务委托方：江西省吉安市某资源循环利用企业

环保管家服务受托方：紫金道合（江西）环保产业技术研究院有限公司

一、环保管家服务背景

环境保护部办公厅 2016 年 4 月 15 日印发《关于积极发挥环境保护作用促进供给侧结构性改革的指导意见》，其中明确指出“鼓励有条件的工业园区聘请第三方专业环保服务公司作为‘环保管家’，向园区提供监测、监理、环保设施建设运营、污染治理等一体化环保服务和解决方案”。因此，“环保管家”这一服务模式也得到了迅速的推广和发展。

为贯彻落实党中央、国务院关于环境保护督察的重要决策部署，2016 年 7 月 14 日至 8 月 14 日，中央第四环境保护督察组对江西省开展了环境保护督察。2017 年 9 月 6—30 日，江西省第三环境保护督察组也对吉安市开展了环境保护督察，环保督察常态化是大势所趋，这也预示着违法排污企业对其环境违法行为和破坏生态行为不仅要承担巨额罚款、行政拘留、停产停业等行政处罚风险，甚至要承担沉重的刑事责任和民事责任。

环保管家第三方环境保护服务企业，可根据排污企业实际情况，开展企业环保问题诊断、环境管理咨询、清洁生产审核、环境影响评价、环保技术咨询、环保设施建设运营、环境监理、固废处置、环境检测等各项工作，提供高效化、精细化和专业化全链式服务，保障污染源企业能够满足国家和地方最新环保法规及政策的要求。简单地说就是企业付费买服务，治污交给专业“管家”。让专业的人干专业的事，企业从不擅长的环保事务里脱身，专心从事生产工作。

江西吉安市某资源循环利用企业对环保工作一直高度重视，但由于公司专业人员有限，迫切需要第三方环境服务企业提供专业的环保管家服务。紫金道合（江西）环保产业技术研究院有限公司是一家综合型环境服务公司，具有环保咨询、环境工程等各方面专家级人才队伍，可提供综合环境服务，因此该公司委托紫金道合（江西）环保产业技术研究院有限公司（以下简称“紫金道合研究院”）为其提供环保管家综合服务。

二、环保管家服务内容

根据企业的需求情况和环境服务公司的专业技术实力，紫金道合研究院提出了针对该企业实际情况的环保管家服务，服务内容主要包括项目设计和建设过程中的环境监理、项目建成后问题整改指导、协助企业制定环保管理制度、协助企业制定环境风险应急预案、协助企业整理危险废物经营许可证申请材料、为企业提供环保验收技术服务、清洁生产审核和提供给企业在线监测设备，维护在线设备等一系列的环境服务内容。

1. 环境监理

在该企业环境影响评价报告书获得环境主管部门批准后，为了严格落实环评和项目事中事后环境管理要求，我公司接受委托开展了环境监理工作。环境监理工作组根据该项目的环评报告书、评估意见及批复的要求，编制完成了环境监理方案。在建设项目设计阶段，环保管家工作组主要对项目环保工程设计方案、初步设计、施工图设计是否与项目环评及批复文件一致，是否存在重大修改，是否能够满足项目环保要求进行了审查；在施工阶段，工作组主要对项目批建符合性、环保“三同时”落实情况、施工过程中环保达标措施、环境保护工程建设和环保设施进行了环境监理工作。

2. 环保整改指导

参照环评报告书、评估意见及环评批复的要求，对项目现场实际建设情况进行实地踏勘和排查，包括建设内容、产品方案、设备清单、生产工艺、环保措施落实情况等，查找项目建设过程中存在的环保问题，并编制《现有环保问题整改方案》，提出存在的环保问题、整改措施、整改计划等，并为企业环保整改提供技术支持和现场指导。

3. 环境风险应急预案

根据《江西省突发环境事件应急预案》《突发事件应急预案管理办法》等相关要求，协助企业编制完成了环境风险应急预案，并在当地环保部门进行了备案。

4. 危险废物经营许可证申领

根据《中华人民共和国固体废物污染环境防治法》第 57 条和国务院《危险废物经营许可证管理办法》的相关规定，协助企业编制《危险废物经营许可证申请报告书》，包括环保验收前申请临时危险废物经营许可证和环保验收后申请正式危险废物经营许可证。

5. 建设项目竣工环境保护验收

根据《建设项目竣工环境保护验收暂行办法》《建设项目环境保护验收技术指南 污染影响类》（征求意见稿）等相关技术规范要求，通过核实工程性质、地点、内容、规模、总平面布置与环评及批复的一致性，关注主要原、辅燃料，生产设施规模，数量和生产工艺，主要公用及辅助工程，环境保护目标等与环评文件及批复的一致性。在此基础上编制监测方案及《建设项目竣工环境保护验收监测报告》，协助企业完成竣工环境保护验收。

6. 清洁生产审核

为减少生产过程中的原料和能源的消耗，降低生产成本，减少对环境的危害。根据《中华人民共和国清洁生产促进法》《清洁生产审核暂行办法》等相关规范和要求，编制清洁生产审核报告。

7. 在线监测设备采购、安装和维护

按照环评报告书及批复文件要求，该项目需要安装废气自动监测设备。根据《污染源自动监控管理办法》《污染源自动监控设施运行管理办法》等规范要求，企业委托紫金道合研究院对废气在线监测设备进行采购、安装和运行维护，包括在线监测设备日常巡检、保养、维修、校准、及时解决日常问题等工作。

三、环保管家服务成果及效果

（1）通过设计阶段和施工阶段环境监理，从源头上最大限度地消除或减少建设过程中可能和环评及批复文件要求不一致的地方，对于促进建设项目全面、同步落实环评提出的各项环保措施发挥了重要作用，同时也为企业最大限度地避免了违法风险。

（2）由于企业受制于自身环保人员配备不足、专业水平不高且缺乏经验等因素，在实际工作中感觉无从下手，遇到问题时不知所措，制约企业提高环保水平的能力和信心。通过引入环保管家，针对企业遇到的具体环保问题，进行专业的解答、释疑，开展深入专业的技术服务，促进了企业环境管理水平、污染防治水平及人员综合素质的全面提升。

（3）由于企业缺乏相应的专业技术人员，很难选择性价比最高、最适合企业排污状况的污染治理设备和在线监测设备。在线监测设备的运维、校准等也需要专业的人员进行服务，以保证在线监测设备的良好运行。从服务效果来看，委托环保管家服务可以有效降低污染治理设备和在线监测设备的购买费用，且能保证污染治理效果和监测数据的有效性。

四、服务启示

环保管家即绩效合同环境服务，它是新兴的一种治理环境污染的商业模式，是指环保服务企业为政府或企业提供绩效合同式综合环保服务，并视最终取得的污染治理成效或收益来收费。环保管家服务为企业提供一站式环保托管服务，统筹解决企业环境问题，提高决策科学性，保证服务效果，有效降低企业环保管理成本，同时降低环境产业链各个环节脱节产生的高昂交易成本。是传统环保服务的升级衍生业务，全方位协助企业实施管理服务，减少企业用人成本，提升企业环境面貌，解决企业因环保而带来的经营风险。

对于第三方环保管家服务人员综合素养有很高的要求。不仅要求对国家相关政策更新和解读要及时准确，还要求对环保设计、施工、环保设备调试及运维、环保政策把控等要熟悉或精通。为此，需要不断地加强学习，提升自我专业技能，才能为客户提供更专业、高效的管家服务。

五、案例点评

一个企业在选址、建设、生产、经营过程中可能涉及的环境保护的法律法规条文是非常广泛的，加之新的政策法规不断出台和调整，一般的企业管理人员自身是难以全面掌握和顾及的。通过引入第三方环保管家服务，企业极大地提高了自身环境管理和环保专业技术水平，切实解决了企业在建设和生产过程中遇到的环保问题，为企业最大限度地降低了环境风险。

企业一般都聘有常年法律顾问、财务顾问，审计事务所等，随着国家环境管理政策持续加严、环境标准不断地提高，环境督察的常态化，企业已经开始主动聘请环保管家来开展环境保护深度服务，规范环境行为、规避环境风险了。

习近平总书记多次强调，“要像爱护眼睛一样爱护生态环境，要像保护生命一样保护生态环境”，我们离这些要求还相差很远。当前，各类生产企业必须全员提升环保意识，更新环境保护观念，提高思想认识和站位，把遵守环保法律法规、守法经营作为保障企业生存的头等大事来对待。近期新闻媒体密集报道了山西、河北、江苏等地企业违法排污问题，企业面临停产关停，经营管理者因为不懂法、不守法面临牢狱之灾，如果能够及早改变环境保护观念，主动聘请环保管家开展专业服务是完全可以避免这样的事情发生的。

案例11　北汽福田汽车股份有限公司环保管家服务

环保管家服务委托方：北汽福田汽车股份有限公司

环保管家服务受托方：西藏神州瑞霖环保科技股份有限公司

一、环保管家服务背景

北汽福田汽车股份有限公司（以下简称“北汽福田”）是一家跨地区、跨行业、跨所有制的国有控股上市公司，在京、津、鲁、冀、湘、鄂、辽、粤 8 个省市区拥有整车和零部件事业部，研发分支机构分布在日本、德国、中国台湾等地的企业集团。目前福田汽车已经成为我国品种最齐全、规模最大的商用车制造商（图 1）。

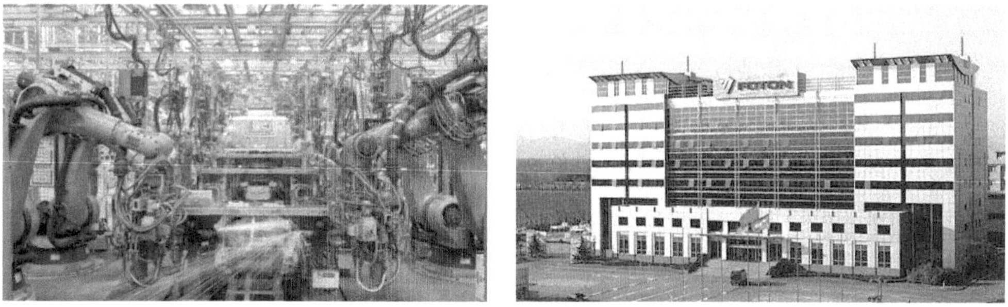

图 1　北汽概况

2017年以来，环保督察力度不断加大，虽然公司一直以来都严格按照国家和地方环保要求实施，规范环保设施建设和运营。但在日常运行维护过程中仍然无法做到对环保设施及日常环境管理的精准把握，为进一步推进节能减排，降低企业环保设施运行成本，提前预判环保设施运行过程中存在的环境风险，实现环保设施精细化控制，北汽福田梳理出一系列亟须解决的环保问题，主要包括以下几个方面。

（1）规范日常环保管理需求

由于企业专职环保人员不足，环保人员对于新出台的环保政策法规、标准规范等应接不暇，缺乏对环保管理人员的统一培训，各厂之间环保管理参差不齐，环保人员疲于与环保部门进行程序对接，企业的环保管理不到位。

（2）环保设施运维需求

由于污泥含水率高、危险废物产生量大、环保设施运行不稳定是北汽福田多数企业存在的共性问题，急需第三方环保服务单位提供专业技术支持，降低企业环保设施运行成本。

（3）环境形象的提升需求

汽车企业从原材料使用、产品生产及产品使用各环节与环保密切相关，如何打造企业环保品牌，提升企业环境形象，已成为汽车制造企业关注的深层问题，良好的环境形象有助于提升企业整体的知名度和产品市场占有率。

（4）其他咨询服务方案需求

在此背景下，北汽福田委托西藏神州瑞霖环保科技股份有限公司对其分布在京、冀、鲁、湘、粤地区的14家整车厂开展企业内部环保排查，提前发现各企业存在的环保问题，及时解决问题，将环境风险隐患控制在企业内部，避免出现重大环境违法问题，全面落实国家及地方各项法律法规及政策要求，全面提升北汽福田的环保形象。

二、环保管家服务内容

西藏神州瑞霖环保科技股份有限公司（以下简称“瑞霖环保”）是一家以智慧环境，环境咨询，环境监测、检测，环保工程设计与施工建设，环保污染治理设施运营，环保新技术研发等为主营业务的高新技术企业。瑞霖环保自成立以来，始终坚持“精益求精、诚信稳健、顾客满意、持续发展”，以成为企业的“环保管家”为己任，全心全意为客户提供优质、高效和一站式环保综合服务。

瑞霖环保接受委托后，第一时间成立了环保管家项目组，与企业面对面交流，了解企业需求，并组织行业和环保专家团队对企业进行环保排查，从以下几方面开展环保管家服务。

1. 环境程序咨询服务

针对北汽福田下辖企业多、涉及项目多、历史遗留问题多、环境管理人手不足等问题，向企业提供环境程序咨询服务。具体内容包括：

（1）梳理企业环保“三同时”档案。针对企业建设年代久远、项目类型多、规模不一的特点，环保管家团队对企业历史建设项目及在建项目进行整体梳理，排查企业建设过程中存在的环境程序问题，建立企业项目档案，及时与企业沟通排查过程中存在的问题并提出相应解决方案。并针对企业新建及在建项目提供前期环境影响评价及竣工环保验收的咨询服务。

（2）最新环保政策服务。针对近年公布的新的环保法规及相关政策，梳理企业运行过程是否按最新环境管理要求执行，协助企业完善相关手续。

（3）环保档案管理。组织专业归档人员对企业环保资料进行分类整理归档，规范企业环保设施的运行台账，健全日常环境管理机制。

2. 环保设施运行诊断服务

瑞霖环保多年致力于工业废水处理技术的研发及环保设施建设、运营，尤其是在汽车废水处理领域，有着丰富的经验。本次环保管家团队将工程设计、运营团队纳入环保管家服务，针对企业环保设施运行过程中存在的问题进行细致排查。

（1）污水处理设施诊断服务。从企业废水产生源、废水处理工艺、中水回用等环节对企业涉水环节开展详细的诊断服务，对污水处理站提出优化建议，依托丰富的污水处理设施运维经验对其设备维护、药剂投加等方案提出问题并加以改进。对废水经处理后直接排入地表或污水回用压力大的南方地区工厂进行污水处理设施重点诊断服务，确保废水连续稳定达标排放，预防环境事故的发生。

（2）VOCs 整体解决方案。VOCs 是汽车行业涂装工序的主要污染物，行业及地方废气排放标准日趋严格，尤其是在京津冀地区，环保部门对废气治理设施的监管力度格外突出，因此，环保管家团队邀请专业废气治理行业专家重点对京津冀区域企业运行过程中的 VOCs 排放问题进行整体诊断，为后续环保设施的建设提供前期技术咨询服务，避免企业在环保设施建设过程中出现重大问题。

3. 环保培训服务

组织环保专家针对企业运行状况及最新环保要求，不定期进行环保培训，内容覆盖环保政策法规、环保设施操作规程等方面；协助企业开展应急预案演练；及时响应企业环保需求，协调相关环保部门，与企业上传下达进行沟通。

4. 环境信息公开服务

根据《企业事业单位环境信息公开办法》，协助重点排污单位完善环境信息公开，编制《企业环境自行监测方案》和《企业环境信息公开报告》，并协助企业在公众网站进行公开。

5. 企业环境形象建设服务

企业环保形象是企业形象的重要组成部分，在企业发展中起着重要作用。在回归自然、保护环境社会思潮的驱动下，企业在非价格竞争中突出环保，在自身形象中注入环保理念，已成为企业制胜的一大策略。环保管家服务团队协助企业制定环保形象建设的实施方案，组织开展环保公益活动等。

三、环保管家服务程序

1. 成立项目组

根据服务要求及工作内容成立环保管家项目组，确定项目组成员工作职责，进行分工，每组有不同侧重点，细化项目组成员工作内容，各司其职、有序开展工作。

各小组主要任务：

档案调查组：收集企业相关环保资料（三同时文件、台账、监测报告等）。

现场调查组：按照企业生产工艺流程，仔细核查企业各产污节点，核查企业是否严格执行环评报告及批复、验收报告及批复的落实情况；环保设施的建设是否满足相关标准、规范的要求，是否正常运行；环境风险源及防范措施等。

周边环境调查组：周边环境敏感点调查、企业是否满足卫生防护距离要求等。

2. 收集政策法规资料

收集最新相关法律法规（包括各地方法律法规）、规范文件及各类环境保护标准，尤其是最新的政策、规范和标准等。对上述资料进行分析解读，为企业传递切合企业特点的环保政策和行业规定。

3. 制定现场服务工作方案及核查路线

对收集资料进行整理分析后，制订现场调查计划和工作方案，并明确核查范围及核查重点。现场工作做到重点突出、全面覆盖，有条不紊、循序渐进，根据现场实际情况，可对工作方案进行及时、合理、有效的调整。

4. 会议制度

现场核查人员现场调查后，组织召开项目讨论会，分组汇报现场调查情况，对企业存在的问题进行梳理和总结，提出合理的整改方案，最终形成会议纪要存档。

四、环保管家服务成果及效果

根据委托内容，环保管家服务团队按时间节点制订了详细的工作方案，每一项服务完成后取得业主相应的工作确认。

1. 环境程序咨询服务及环保设施运行诊断服务

组织专职技术人员协调专家团队入厂完成环保管家服务，针对企业需求梳理出企业存在的环保风险，出具《环保管家服务报告》，向委托单位详细汇报企业体检中存在问题及初步解决方案，其中重点企业存在的重点问题见表 1。

2. 环保培训服务

邀请环保专家对企业环保管理人员及污染防治设施运维进行专题培训，培训内容包括环保法律法规、日常环保设施日常运行与维护、环保档案管理等方面的内容。

表 1　环保管家服务过程中重点企业重点问题汇总

工厂名称	废气防治	固体废物	污水处理
工厂 1	因建厂年代早且迫于厂房布局及结构限制，焊接烟尘收集效果不佳，服务过程中针对此问题为企业提供解决方案	固废含水率高，提出增加脱水设备后，有效降低了企业危险废物的处置成本	污水经处理后直接排入地表水体，环境风险大，对污水处理站进行重点排查服务
工厂 2			缺少 pH 在线监测仪，提出改进措施后实现精准控制加药，降低了药剂的使用成本
工厂 3	部分废气产生环节未设置治理设施，环保管家服务为企业提供治理方案		污水处理设施自动化程度较低，提出改进方案后，污水处理设施自动化程度加强，节约了人力成本，降低了安全隐患
工厂 4	焊接烟尘收集效果不佳，服务过程中针对此问题为企业提供解决方案	人工清渣，存在安全隐患；提出整改建议后，企业及时采纳	
工厂 5	部分废气产生环节未设置治理设施，环保管家服务为企业提供治理方案		部分环节运行效果不佳，提出改进建议后，污水处理效果得到明显改善
工厂 6			废水未实现污污分流，造成污水处理设施运行成本增大，服务过程提出改进措施后，降低水处理设施的运行成本，同时避免违法风险
工厂 7			生产废水未进行分质处理，混合处理效果不佳，服务过程要求企业对生产废水进行预处理后，再与生活污水一同进行生化处理，企业及时采纳了此项建议，正在实施过程中

3. 环境信息公开服务

协助重点排污单位完善环境信息公开，编制《企业环境自行监测方案》和《企业环境信息公开报告》，并协助企业在公众网站进行公开。

4. 企业环境形象建设服务

制定了《北汽福田环保形象（品牌）建设的年度整体实施方案》，协助企业制定环保宣传月、环保公益活动等内容。

五、服务启示

总结这次环保管家服务，收获以下几点经验。

1. 抓住企业迫切需求，提供精准服务

本次服务所涉及企业均为整车制造企业，但每一个企业仍存在不同的环保需要，因此，在对企业提供环保管家服务前需与企业环境管理人员进行有效的沟通，明确每一企业真正的环保需求，才能更有目的、更有针对性地提供服务，获得企业的认可。

2. 构建过硬管家队伍保障管家服务的完整性

建立一支精干过硬的专业环保管家队伍才是为企业提供优质环保管家服务的保障。环保管家服务过程中，会面临各类环境问题，只有技术能力出色，专业知识过硬的专业服务团队才能在服务初期制订系统全面的专业服务方案，才能在服务过程中快速有效地发现环境问题及环境风险，并提供最优解决方案，出色完成环保管家任务。

3. 获取企业信任，挖掘潜在需求

通过环保管家服务，排查出企业存在问题，针对问题与企业进行有效沟通，提出问题可能发生的管理风险，可以针对问题开展深层次的环保管家服务。

六、案例点评

该案例是瑞霖环保依托自身多年累积的技术优势开展的环保管家服务案例，北汽福田汽车股份有限公司环保管家服务主要以服务受托方专业特长所在的咨询板块、环保设施建设及运行板块内容为主，通过环保管家服务，受托方有效地解决了委托方下属各企业存在的环境问题。服务过程中，双方建立了良好的合作机制，通过实地调查、驻厂办公、远程协助、电话咨询等手段完成了环保管家服务。

西藏神州瑞霖环保公司开展的汽车制造企业环保管家服务的突出特点是充分发挥其在汽车行业水处理方面的大量成功经验和在环保管家咨询方面的专业优势，由咨询师与水处理工程师密切配合，为企业全面体检、精确诊断，精准治疗，化解风险。

第五章

乡镇环保管家服务案例

案例 12　顺义区李桥镇环境治理暨环保管家服务

环保管家服务委托方：北京市顺义区李桥镇人民政府

环保管家服务单位：北京欣国环环境技术发展有限公司

参与单位：北京市环境保护科学研究院、天津欣国环环保科技有限公司、北京科技大学、首都师范大学

一、环保管家服务背景

（一）李桥镇概况

1. 地理位置、地形条件、气象条件

李桥镇位于北京市东北部，东依潮白河，西临首都国际机场，与通州区接壤，是顺义区的南大门。镇域总面积 75 km^2，常住人口 4 万人、流动人口 4.9 万人，下辖 31 个行政村、3 个社区（图 1）。

顺义区海拔高度为 35～100 m，北面的怀柔海拔高度为 300～1 000 m。顺义东北和西北方向受山麓影响，阻碍了颗粒物传输和扩散。

顺义区主导风向为东南风，同时会出现东南风、西北风及其他风向“交汇”的情况，致使扩散条件变差。

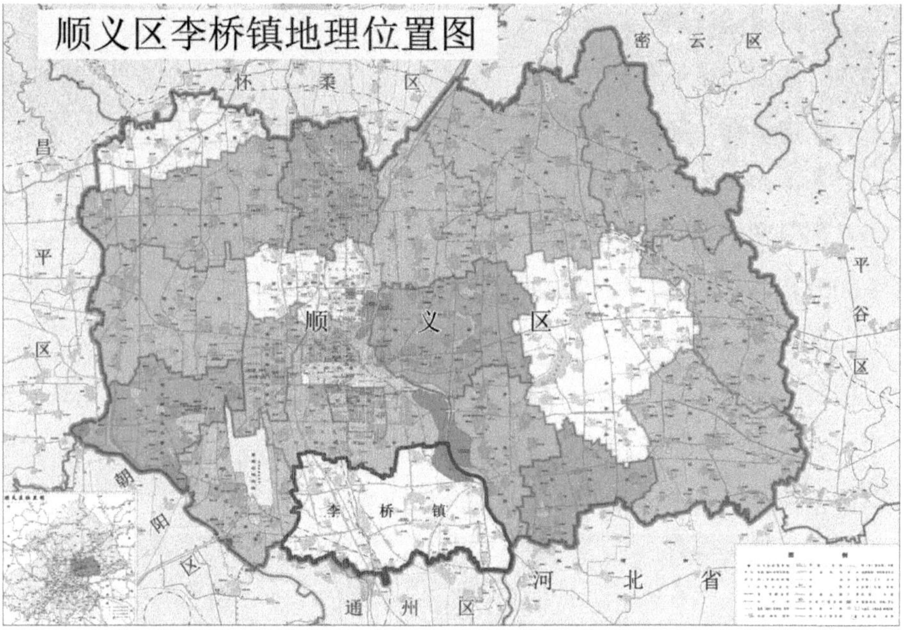

图 1　李桥镇地理位置

2. 内外污染源交错影响

（1）内部污染源解析

①城市生产型、物流型企业进驻，如首钢冷轧厂、后桥停车场、北河停车场及众多的物流园等，导致镇域大气环境污染，大量的“散乱污”企业存在进一步恶化镇域环境质量。

②村镇收入增加、生活改善，告别了传统、低耗、相对环境友好的生活方式，各类污染物随之增多，超过了环境的自净能力。外来人口多造成镇域燃煤取暖程度加剧、餐饮油烟排放量增大、露天烧烤现象频发，小锅炉的存在也会影响镇域环境空气。

③顺通路、机场东路、龙塘路等多条主干道贯穿全境，六环高速、京平高速、机场第二高速、京承铁路等立体交通体系带来便利的同时也产生大量的汽车尾气、

扬尘，污染镇域环境空气。

④效益偏低的传统有机农业生产方式被遗弃，农药化肥大量使用、塑料薄膜普及、农作物秸秆焚烧等导致农业面源的环境污染增量也逐年递增。

（2）外来输入型污染解析

①首都国际机场紧邻李桥镇，位于其西北侧。2016 年起降 59 万架次，日均起降 1 600 架次，高峰约每 49 s 起降一个架次。飞机起降、待飞、停靠、摆渡等将产生大量 NO_x、VOCs 等，此外大面积裸露场地易产生扬尘。

②接壤的通州区存在大量在施工地，北部的林河工业开发区、北京现代汽车第二工厂等，均对李桥镇环境空气存在一定的影响。

李桥镇环境空气内部及外来污染源分布情况见图 2。

图 2 李桥镇环境空气内部及外来污染源分布图

3. 环境空气质量考核形势严峻

在内外污染源交错影响和地形、气象条件的综合影响下李桥镇 $PM_{2.5}$ 浓度居高不下，长期处于北京市 $PM_{2.5}$ 重污染区域内（图 3）。2017 年 1—2 月，在顺义区 25 个镇（街道）$PM_{2.5}$ 浓度排名中均处于最高位（图 4）。

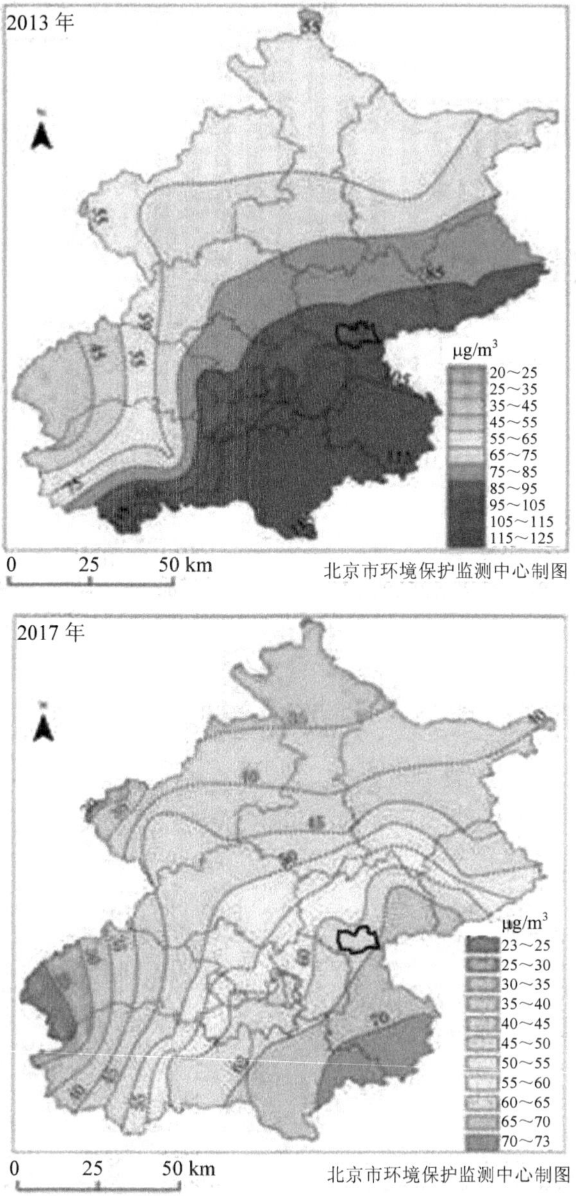

图 3　北京市 $PM_{2.5}$ 年均浓度等值线（2013 年、2017 年）

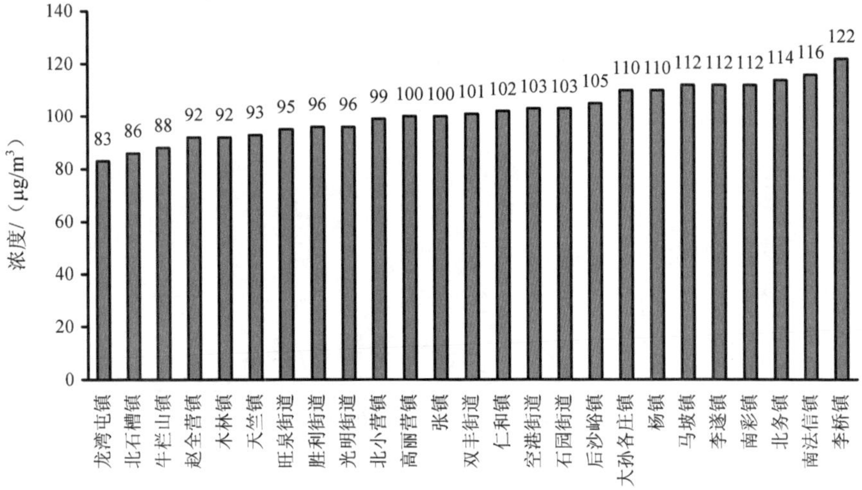

图 4　顺义区 25 个镇（街道）$PM_{2.5}$ 平均浓度对比（2017 年 1 月、2 月）

李桥镇党委、人民政府面临着严峻的环境空气质量考核压力，实现考核目标（年平均值 60 μg/m³）难度巨大（现状均值 122 μg/m³）。

（二）环境空气整治行动

1. 顺义区环境空气整治行动

顺义区作为北京市城乡结合部综合整治重点地区之一，虽面临着经济发展、社会进步、生态文明建设等多重指标考核，但仍强力推进《北京市 2017 年清洁空气行动计划》（以下简称“清空计划”），重点治理区域 79 个 $PM_{2.5}$ 高值片区。

按照属地对高值片区进行划分，倒逼各镇、街道创建行政管理网格，形成区、镇（街道）、村（社区）三级网格体系，开展对污染源的日常巡查，发现问题及时解决或上报。利用科技网格与行政网格相结合，清理各属地污染源、整治高值片区。积极推动各乡镇政府担当责任，层层传导压力。

2. 李桥镇环境空气整治行动

在中央环保督察高压、环保标准加严、执法巡查趋紧、问责力度加大的态势下，李桥镇党委和人民政府高度重视“京津冀区域 $PM_{2.5}$ 达标”等环境综合治理战略目标的实现，以“清空计划”为契机，积极响应北京市、顺义区环境空气综合整治行动，开展压煤减煤、治污减排、清洁降尘、环境执法、技术保障，开展集中整治 $PM_{2.5}$ 高值点位及周边挂账污染源专项整治活动。

环境空气综合整治行动实施过程中，李桥镇积极尝试环境污染第三方治理新机制，于2017年3月初率先并尝试性开展村镇环境治理暨环保管家技术服务工作，助推政府部门科学治污。

二、环保管家服务内容

（一）村镇环保管家服务工作流程

村镇环保管家服务工作包括五个阶段：前期工作、精准找源、科学治污、服务有效、机制长效。

（二）环保管家服务主要内容

1. 环境空气监测体系及应用

（1）李桥镇环境空气监测体系建立

在原有 8 个监测子站周围环境调查、合理性分析的基础上，配合李桥镇落实顺义区环保局 $PM_{2.5}$ 自动监测小微站安装工作，为 34 个监测子站的安装位置提供专业指导和决策依据，保证监测数据能真实反映各村（居）质量现状。

目前李桥镇共有 8+34 个监测子站（图 5），每个村（居）均有各自的子站，可实时监测区域 $PM_{2.5}$ 浓度、实时上报指挥平台。

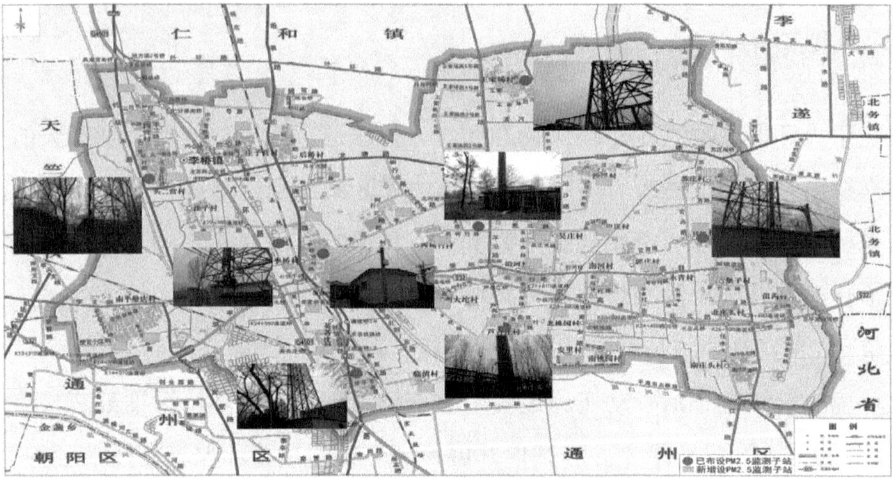

图 5　李桥镇监测子站分布

（2）污染监管平台及微信公众号应用

依托顺义大气污染监管系统平台及顺义环保在线微信公众号，实时掌握李桥镇辖区各村（居）的浓度与排名趋势、浓度热力图、异常高值报警信息等（图 6～图 9），汇总问题快速响应，组织环保科、技术团队、专业人员开展实地排查，明确成因并提出针对性解决方案，跟进实施查验效果直至解决问题。

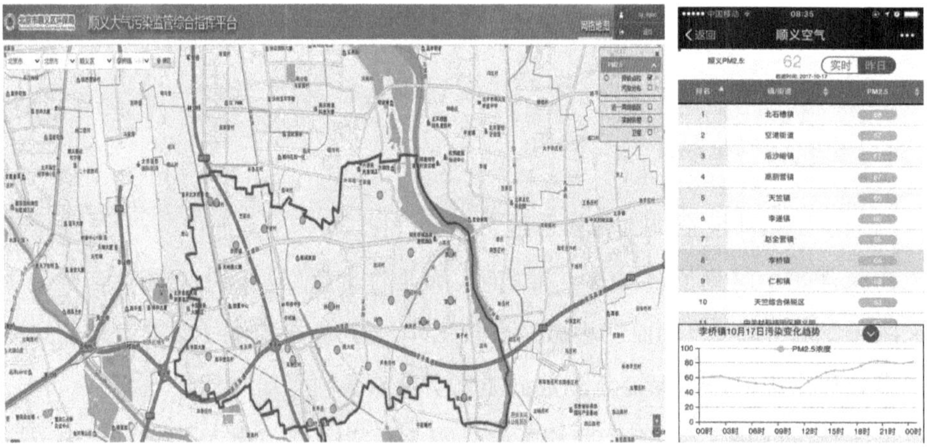

图 6　大气污染监管综合指挥平台及顺义环保在线微信公众号图示

属地评估：

按周　开始时间：2017-11-10　结束时间：2017-12-10

浓度(μg/m³)　综合排名　查询　导出Excel

村名称	11.13-11.19	11.20-11.26	11.27-12.3	12.4-12.10
南河村	25	23 ↓	5 ↓	17 ↑
苏庄村	12	28 ↑	29 ↑	25 ↓
安里村	9	9	15 ↑	26 ↑
堡子村	22	29 ↑	24 ↓	27 ↑
西树行村	8	2 ↓	18 ↑	18
永青庄村	13	15 ↑	19 ↑	10 ↓
官庄村	34	34	33 ↓	28 ↓
三四营村	3	10 ↑	20 ↑	8 ↓
北河村	6	5 ↓	4 ↓	1 ↓
西大坨村	18	11 ↓	16 ↑	11 ↓

图 7　李桥镇辖区各村（居）空气质量排名评估

该乡镇下所有村浓度列表/浓度热力图：

选定时段（日）　2017-09-13　至　2017-09-22　确定

浓度列表　浓度热力图　导出Excel

区域	9月13日	9月14日	9月15日	9月16日	9月17日	9月18日	9月19日	9月20日	9月21日	9月22日
三四营村	73	80	69	118	30	28	21	20	71	33
临清村	69	68	66	111	27	29	25	19	70	33
北庄头村	75	77	80	148	17	29	16	15	74	37
北桃园村	75	75	95	197	30	25	21	18	71	38
北河村	74	75	73	113	28	26	22	18	65	34
南半壁店村	83	84	76	134	30	30	23	21	77	36
南庄头村	73	71	76	139	27	27	28	23	67	37
南桃园村	82	79	84	144	31	28	24	19	70	35
南河村	76	77	79	133	28	27	26	18	67	37
史庄村	70	74	72	109	27	25	26	15	61	34
后桥村	81	84	83	92	20	29	24	19	83	37
吴庄村	60	67	68	88	26	25	27	18	56	35
堡子村	74	76	90	[illegible]	15	28	18	16	67	36

图 8　李桥镇辖区各村（居）$PM_{2.5}$浓度热力

月异常高值统计：

李桥镇阳光丽城温泉度假...	李桥镇	道路交通	69	32	223	162	0点、2-3点、6点...
堡子村	李桥镇	评价点位	66	29	227	153	2-6点、8-9点、11...
苏庄村	李桥镇	评价点位	52	30	198	131	20点
永青庄村	李桥镇	评价点位	51	37	256	166	1点、19点、22-23点
南河村	李桥镇	评价点位	46	32	224	148	20点、23点
沿河村	李桥镇	评价点位	44	31	210	132	2点、5点、19点、...
王家场村	李桥镇	评价点位	42	40	216	155	8点、18-19点
北桃园村	李桥镇	评价点位	34	26	228	160	4点、18点、23点
沮沟村	李桥镇	评价点位	34	32	203	116	7点
南半壁店村	李桥镇	评价点位	32	41	331	140	2-3点、19点、21-...
张辛村	李桥镇	评价点位	29	25	210	142	2点、6点、20-23点
西大坨村	李桥镇	评价点位	28	26	214	163	0点、3点、19点、...
三四营村	李桥镇	评价点位	22	23	193	125	7-8点

图 9　李桥镇月异常高值统计汇总

（3）环境空气监测体系辅助手段

利用智能环境车对镇域内外重点关注污染源进行特定时段立体动态监测（图 10），主要包括首都国际机场、首钢冷轧公司、北京现代第二工厂、大型停车场、主要交通干道等，建立其环境质量变化与李桥镇环境质量变化之间的协同关系，提出区域科学治污方案。

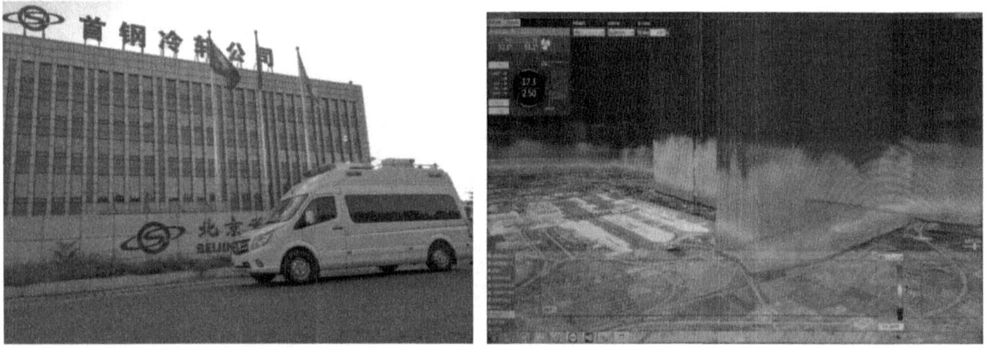

图 10　移动监测现场照片及雷达探射图谱

2. 网格化管理体系及监督

（1）网格化管理体系构建

以镇域行政区划为基础构建三级网格化管理体系，含 1 个一级网格、34 个二级网格、123 个三级网格片区（图 11），由 234 名网格员负责日常巡查，实现各类污染源的巡查、发现、处理、上报全覆盖，精准、规范和科学的推进环保工作，真正将“最后一公里”变成“零距离”。

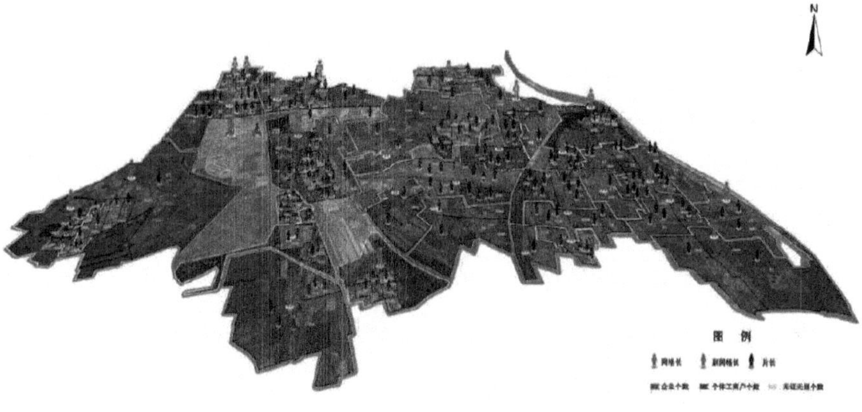

图 11　李桥镇环保网格工作部署图

（2）网格化管理体系监督

①内环监督

包片、包村干部指导、监督本村（居）网格对于工作的执行和完成情况，保证工作的实效性和执行性。

②外环监督

镇环保监察大队每月按照各村（居）网格巡查结果 5%的比例对其巡查内容进行抽查，并协助对重点污染源进行排查和处理。将抽查结果纳入各村（居）考核，与村（居）两委收入挂钩，保证监察的严肃性。

3. 李桥镇污染溯源调查

2017 年李桥镇环境整治暨环保管家服务的整体思路是精准找污、科学治污、服务有效、机制长效。开展村镇环境整治的先决条件是摸清区域内外污染源，分析其污染影响类型、程度、范围，对症下药才能药到病除。

污染溯源调查工作不仅是对镇域环境现状开展的基础工作，也可为镇域网格化管理体系提供技术支撑和数据支持，是环境大数据与实际管理相衔接的重要环节。

（1）调查方法选取

环境污染物源解析法能够在宏观尺度上掌握污染物的来源，分析其构成及行业贡献率，可为能源、产业结构调整提供依据。环境污染源统计法作为主要的污染源调研手段具有数据精度高、信息详细、针对性强等优势。

解析法受空间因素影响较大，一般以省市级区域为研究对象，村镇级区域污染物组分变动较大造成源谱波动严重，不具备解析法应用条件。综合考虑后李桥镇污染溯源调查方法选择环境污染源统计法。

（2）调查方案确定

①调查对象：划分为工业企业、第三产业、规模化畜禽养殖场、水产养殖场、村庄、居住小区、工业大院等 10 个类别，调查域内各类别的各污染源。

②人员配置：依托科研院所、高等院校，选用环保专业技术人员 20 余人。

③信息记录：10 个类别均有相应的调查表，明确了其适用范围、记录内容、填表要求等。结合污染源实际采用填写调查表和信息记录单两种记录方法，同时现场留取相应影像资料。

④汇总成果：按照各村庄各类别汇总调查表和信息记录单，同时提交相应的现场工作简报。

（3）调查工作实施

依托李桥镇三级网格化体系，以三级网格（片区）为调查单元，由环保管家团队组成调查组对各调查单元进行污染源现场调查，主要现场工作内容包括现场核查、信息收集记录和影像资料获取等。现场照片见图 12。

图 12 污染溯源调查现场照片

在完成现场调查工作后，对调查表和信息记录单按照村庄、类别进行归类整理、分析，形成电子与纸质版调查成果（包括调查表、工作简报、汇总分析表、重点污染源筛选结果等）上报李桥镇。

（4）调查成果汇总

2017 年 7 月开展李桥镇污染源统计工作，共调查单位 1 871 家，填写调查表 631 份、信息记录表 1 240 份、工作简报 34 份（按村庄汇总，图 13）。

李桥镇污染防治追根溯源现场调查工作简报

村庄名称：苏庄 调查类别：第三产业

编号	名称	现场照片	情况简介	是否填表	未填表说明（填表现场照片）
1	北京市阳光丽城温泉度假酒店		含餐饮业、住宿业	是	
2	红腾盛缘商店		小超市，夫妻经营	否	第三产业类型中未明确说明，仅产生少量的生活污水，纳入村庄处理体系

图 13 现场调查工作简报示例

4. 李桥镇污染台账建立及管理

（1）污染台账建立

根据工作部署，依托环保网格员对片区各类污染源的巡查结果和污染溯源调查成果，对李桥镇各类“散乱污”企业、易扬尘地块、大型停车场、经营性单位锅炉、煤改电相关工作全部建立台账，形成 2 546 家镇级污染源监管台账。

（2）污染台账管理

充分发挥村（居）网格化制度，将污染源台账细化到各村（居）网格的各片区，确保各村（居）网格化做到“对地、对账、对人”。污染台账实行动态管理，形成巡查—上账—处理—销账的闭环管理模式。

各片区网格员对所负责的网格片区的等环保问题每日进行巡查，并填写《分片巡视记录表》及《问题反馈表》，对各类污染源实现第一时间发现、第一时间处理、第一时间上报。

5. 环境空气污染综合整治

（1）全面治理散乱污企业

协助并指导李桥镇开展散乱污企业全面治理工作（图 14），主要途径包括以下几点：

①各村（居）对巡查中发现的各类污染源，采取说服、教育及行政强制措施，保证实时“村（居）内自清”工作。

②对于证照和环评手续不全的企业，要求其限期整改和清理。

③对于拒不配合的企业和重点污染源，采取环保约谈、联合执法、“两断三清”和签订承诺书等方式彻底清理。

④采取不间断的动态复查，巩固整治成果，防止反复。

图 14　李桥镇全面整治“散乱污”企业现场照片

（2）压煤减煤，燃煤炉具清零

①全面摸排掌握各村（居）农村宅基地燃煤炉具使用情况，以合理价格回收村民剩余燃煤。

②对各类经营性主体的各类燃煤炉具和用煤情况进行地毯式摸排，建立燃煤炉具台账，及时更新、销账，并实施动态式复查（图 15）。

③镇域全面落实“煤改电”工作。

（3）加强餐饮油烟污染控制

①对镇域内餐饮企业展开地毯式摸排，建立餐饮企业油烟清理整治台账，并实时更新。

②开展专项检查，重点检查是否安装油烟收集系统。对未安装油烟收集系统的餐饮企业发放《告知书》，责令安装油烟收集系统并投入使用，并向镇政府备案相关手续。

③对已安装油烟收集系统的餐饮企业，依照台账定期检查油烟收集净化系统是否正常运行及其清洗记录，建立巡查记录档案（图 16）。

图 15　清理燃煤炉具与回收剩余燃煤现场照片

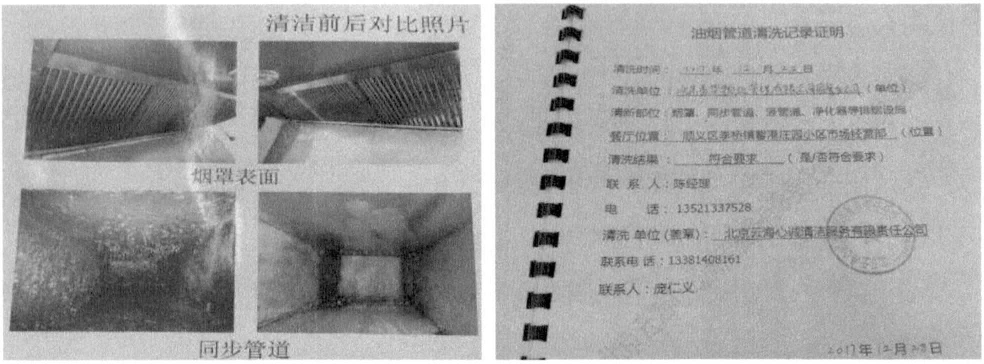

图 16　油烟收集净化装置及清洗记录档案现场照片

（4）加强扬尘管控

①对施工工地、各类停车场、砂石企业进行全面摸排，并建立台账。

②定期检查，督促各单位落实围挡、苫盖、喷淋，落实 5 个百分百（工地周边 100%设置围挡、散体物料堆放 100%苫盖、出入车辆 100%冲洗、建筑施工现场地面 100%硬化、拆迁等土方施工工地 100%湿法作业）。

③加强道路清扫保洁频次，落实清洁降尘工作、落实喷洒抑尘剂。

④北河停车场清退并覆盖，后桥停车场整顿并硬化（图 17）。

图 17　停车场硬化施工与道路清洁降尘现场照片

（5）污染管控措施和要求

①实施樱花园小区、顺通路两侧、沿河商业街露天烧烤的排查和整治。

②严格禁止秸秆焚烧和园林废弃物焚烧行为。

③制定《李桥镇空气重污染应急预案》。

6. 环保工作教育和培训

组织全镇环保网格员学习“三查十无”“六查六落实”“六掌握六报告”等环保工作要点，通过集中培训、闭卷考试、“以干代训”等多种形式，提升工作能力，便于开展污染源巡查、处置、上报工作（图 18）。

编制《疏解整治促提升知识要点汇编》，确保环保网格员工作有章可循、有据可依。

图 18　环保培训现场照片和环保口袋书封面

三、环保管家服务成果及效果

（一）环保管家服务成果

1. 污染台账及污染综合整治

（1）建立了 2 546 家镇级污染源监管台账，并针对 1 059 家区级挂账企业的污染治理提出了治理意见，其中 780 家企业已完成销账工作。

（2）协助开展餐饮企业的督察、整改工作，为 268 家餐饮企业油烟净化系统的安装提供技术指导。

（3）全镇所有经营性主体的燃煤炉具已全部清理完毕，“煤改气”工作完成。

2. 污染溯源调查结果

依据产业政策、规划布局、污染物达标排放与否、企业手续是否齐备、重点疏解整治行业等划定“散乱污”标准，基于现场调查统计结果开展镇域内源识别和归类工作，奠定分析问题和解决问题的基础。

（1）统计数据分析

通过识别分析，李桥镇内除首钢冷轧外，基本无大型生产企业，中型企业全镇有 10 家左右，小型企业数量繁多；此外第三产单位数量巨大，占到单位统计总数的 60%左右，且基本在“小”清单划分范畴内，多为餐饮、住宿、美容美发、汽修和洗浴等单位，集中分布于南半壁店村、李家桥村、后桥村、北河村等地（图 19）。

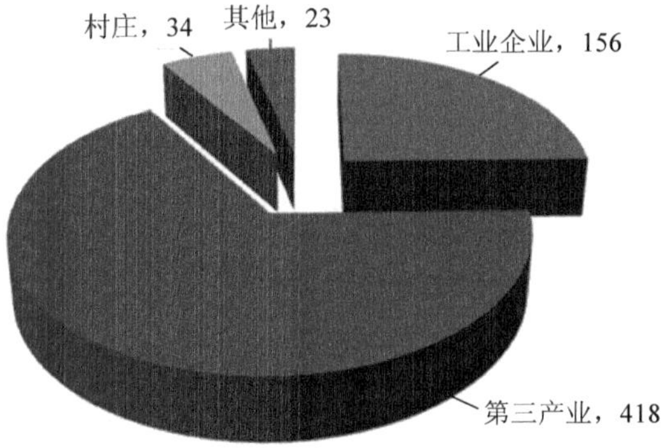

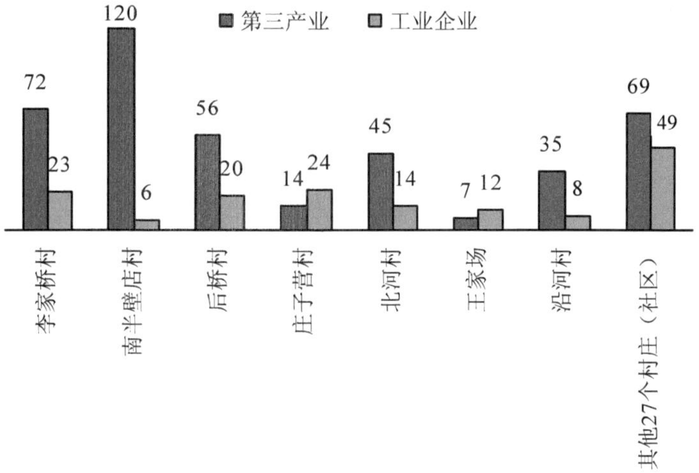

图 19　污染源分类统计和典型村庄工业企业、三产数量统计

（2）污染溯源分析及调整建议

①地处城乡接合部，外来人口多，导致当地第三产单位数量巨大，“小、散”情况突出，产生管理症结，在后期管理中建议整合小型单位，集中规划集中管理，积极引进高端产业，引导当地居民从配套三产转型。

②区内大部分企业环保设施不完善，污染物得不到妥善处置，内部管理混乱，无专人进行环保管理，建议有条件的重点企业聘请第三方治理。

③入驻镇内的单位多数为生产制造、仓储物流等低端产业，建议调整产业结构，积极引进研发、设计等高端产业。

3. 内外重点污染源数据解析

依托顺义区三维立体空气质量监测体系，健全空（气象大数据）、天（卫星遥感大数据）、地（小型化、高密度监测网络）、源（污染排查结果）的全数据分析，识别、分析、确定李桥镇环境空气的内部和外来污染源并进行数据解析。

（1）首都机场东侧的 $PM_{2.5}$ 浓度高出李桥镇平均浓度 40%左右，首都机场南侧的 $PM_{2.5}$ 浓度高出李桥镇平均浓度 10%左右，首都机场对李桥镇空气质量影响较大，尤其是机场东侧的头二营村、三四营村、洼子村。

（2）首钢冷轧晚上 23：00 开始生产后厂界周围 $PM_{2.5}$ 浓度是昼间的 2.5～3 倍，邻近厂区的英各庄、临清、张辛村子站实时浓度随之升高，为昼间的 1.7～2.4 倍。

（3）昼间的四纬路、南岗路、李天路和任李路的监测浓度与子站实时浓度基本持平。夜间的任李路、右堤路、龙塘路大型车辆陆续增多，车流量增大，$PM_{2.5}$ 浓度明显高于李桥镇内平均浓度（56.5%～104.3%）。

4. 中期专家咨询会

根据李桥镇党委、人民政府的工作安排，在铁腕治污同时，积极引入专家及智囊，介入环境保护工作的攻坚克难。

2017 年 8 月底，中国环境保护产业协会环境影响评价行业分会在李桥镇召开了村镇环境治理暨环保管家技术服务专家咨询会，邀请北京市环保局、顺义区环保局、中国民用航空局机场司、顺义区李桥镇党委和人民政府、中国环境科学研究院、环境保护部环境发展中心、国家气象局数值预报中心、北京市环境保护科学研究院出席。

咨询会上，与会领导与专家对环保管家工作中期成果给予了充分肯定，并为下一步工作提出了宝贵意见（图 20）。

图 20　中期专家咨询会现场照片

5. 建立健全服务标准规范管理环境治理服务工作

以李桥镇环境治理暨环保管家服务工作为基础，在顺义区环保局的牵头发起下，为推进生态文明建设，落实生态系统保护，着力解决突出环境问题，探索生态环境管理体制，正在积极建立健全标准规范体系，将实践工作上升为理论体系，用于指导和规范村镇生态环境管理工作。真正实现理论指导实践、实践检验理论的良性发展，助力村镇环境质量改善、满足人民日益增长的优美生态环境需要，拓展延伸环境综合服务的广度和深度。

按照标准规范制定工作安排，在顺义区环保局的指导下已完成《村镇环境治理暨环保管家技术服务工作大纲》编制，用于指导顺义区其他村镇环境治理暨环保管家工作开展，收集基础数据和资料来补充完善标准规范编制工作。

工作大纲主要内容包括：总体思路、村镇信息统计汇总、环保网格化体系构建和管理、污染溯源调查与分析、污染源监管台账构建和管理、监测体系构建及应用、环境污染整治方案制订及行动实施、环保工作教育和培训、创建生态文明村镇要求、执行总结报告编制、鼓励村镇开展环保管家技术服务等。

（二）环保管家服务效果

1. 李桥镇环境质量形态的分析结果

通过分析李桥镇 2017 年 1—7 月的 $PM_{2.5}$ 高值点位分布图（图 21）可知：

（1）环境整治前李桥镇严重超排区域（紫色）分布广、面积大，经过整治，严重超排区域被“打散”、面积明显减小，整治行动突显成效，但任重道远。

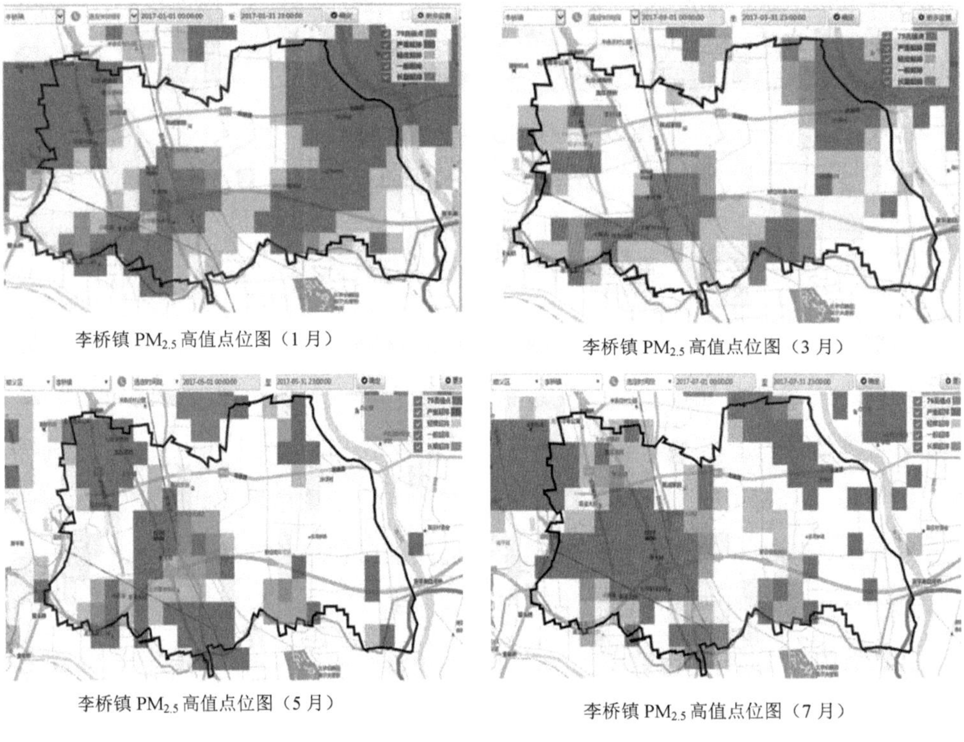

李桥镇 $PM_{2.5}$ 高值点位图（1 月）

李桥镇 $PM_{2.5}$ 高值点位图（3 月）

李桥镇 $PM_{2.5}$ 高值点位图（5 月）

李桥镇 $PM_{2.5}$ 高值点位图（7 月）

图 21 李桥镇 $PM_{2.5}$ 高值点位分布

（2）首都机场和首钢冷轧均属于严重超排区域，显著影响李桥镇环境空气质量。

（3）李家桥村工业企业、第三产业多，存在“打散”区域重新汇聚的现象。

（4）燃煤供暖是 1 月镇域东部超排集中的主要原因，目前全镇已完成“煤改电”工作，供暖期区域环境质量将得到改善。

2. 李桥镇 $PM_{2.5}$ 浓度与排名对比结果

（1）李桥镇 $PM_{2.5}$ 月均浓度统计分析（2017 年）

由图 22 可知，环保管家介入前（1 月、2 月）李桥镇 $PM_{2.5}$ 月均浓度非常高，分别超出考核目标（60 μg/m^3）143.3%和 61.7%，在顺义区各镇（25 个）的排名中均处于最高位。

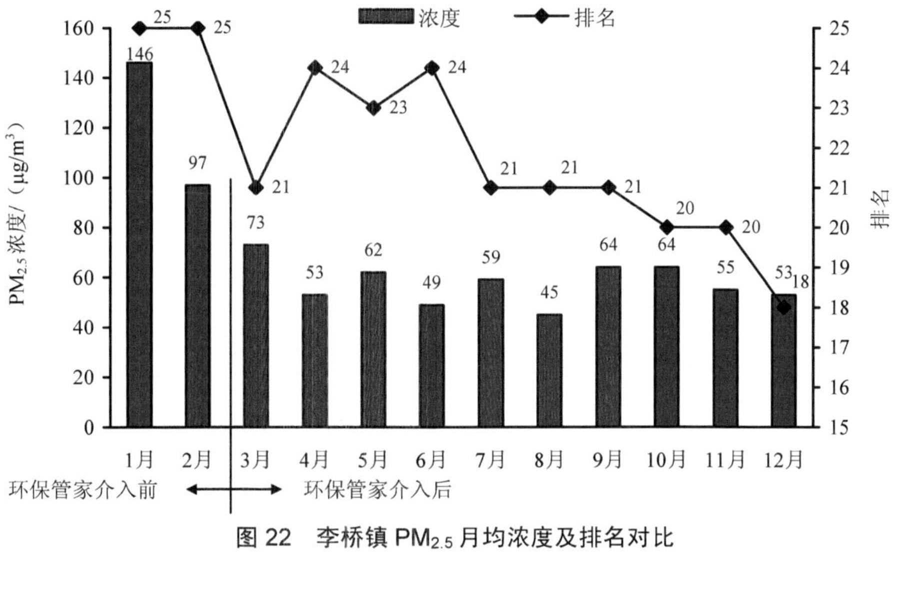

图 22　李桥镇 $PM_{2.5}$ 月均浓度及排名对比

环保管家介入后（3 月起）$PM_{2.5}$ 月均浓度虽有波动但较 1 月、2 月均有大幅度降低，其中 4 月、6 月、7 月、8 月、11 月、12 月已达到考核目标要求、5 月、9 月、10 月略超出考核目标要求（超出 3.3%～6.7%），3—12 月的月均浓度为

57.7 μg/m^3，相比于 1—2 月的月均浓度（122 μg/m^3）降低了 52.7%，已达到考核目标要求。在顺义区各镇（25 个）的排名中虽有波动但总体呈下降趋势，目前基本维持在第 20 名左右。

（2）李桥镇与北京市 $PM_{2.5}$ 月均浓度对比分析（2017 年）

由图 23 可知，环保管家介入前（1 月、2 月）李桥镇 $PM_{2.5}$ 月均浓度分别超出北京市当月均值 25.9%和 36.6%。

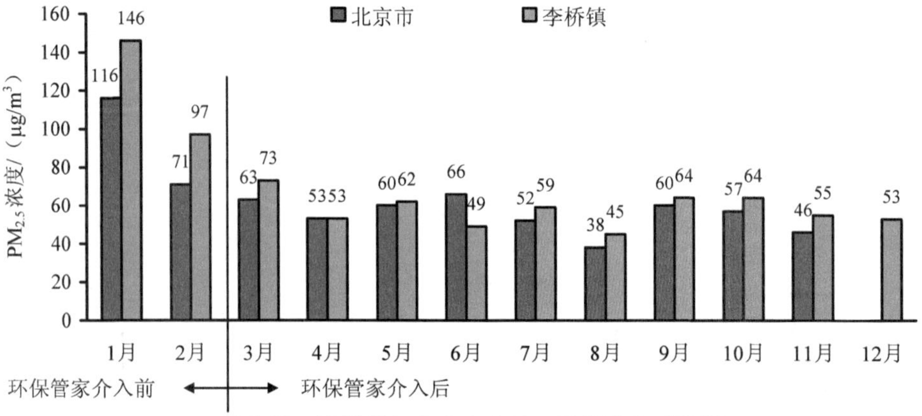

图 23 李桥镇与北京市 $PM_{2.5}$ 月均浓度对比图

环保管家介入后（3 月起），通过开展一系列整治和服务工作后，李桥镇 3—12 月的 $PM_{2.5}$ 月均浓度范围为 45～73 μg/m^3，与北京市对应月均值的差值为−17～10 μg/m^3，占比范围为 74.2%～119.6%，较 1～2 月已有明显改善，基本与北京市平均水平持平（略有波动），数据分析表明综合整治暨环保管家服务工作取得了阶段性成果，但重在当下还需立足长远。

（3）李桥镇秋冬季大气污染整治攻坚行动成果分析

2017 年 10 月起，为落实顺义区 2017—2018 年秋冬季大气污染综合治理攻坚行动要求，李桥镇彻底解决环保督察、巡查问题、进一步强化督察整治“散乱污”企业、积极推进落实镇域“煤改电”工作、彻查整治燃煤锅炉死灰复燃、督促重点行业企业错峰生产，确保大气环境质量改善目标完成。

2017 年 10—12 月顺义区各镇 $PM_{2.5}$ 月均浓度对比见图 24。

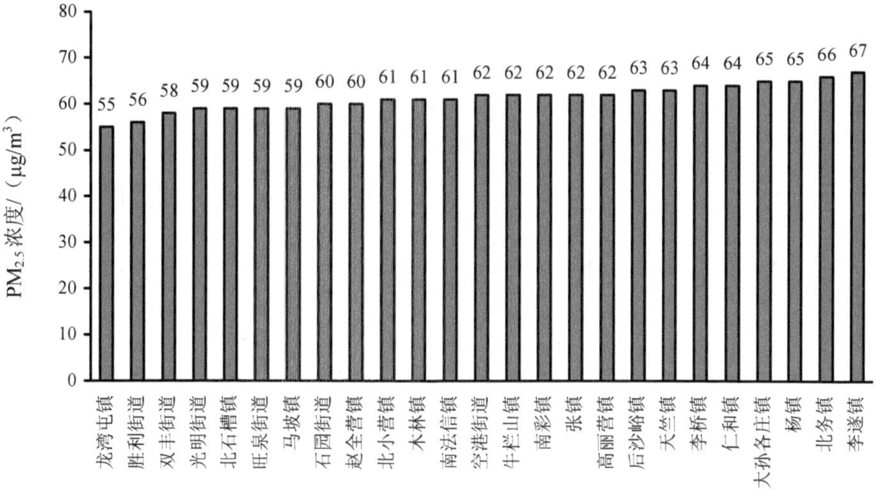

2017 年 10 月顺义区各镇 $PM_{2.5}$ 浓度对比图

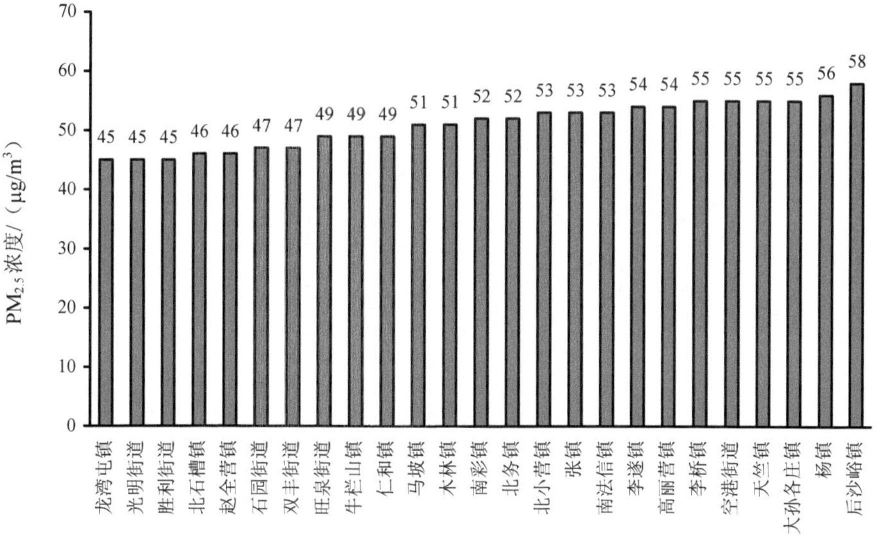

2017 年 11 月顺义区各镇 $PM_{2.5}$ 浓度对比图

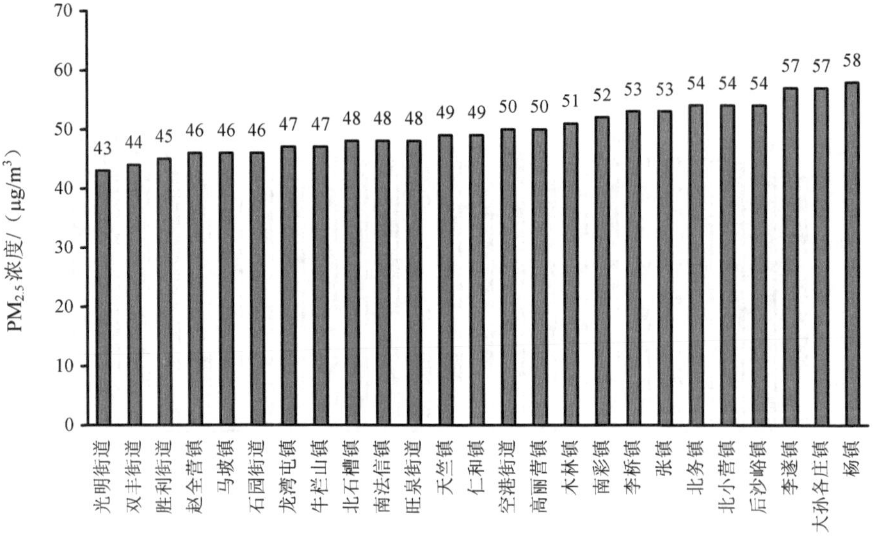

2017 年 12 月顺义区各镇 $PM_{2.5}$ 浓度对比图

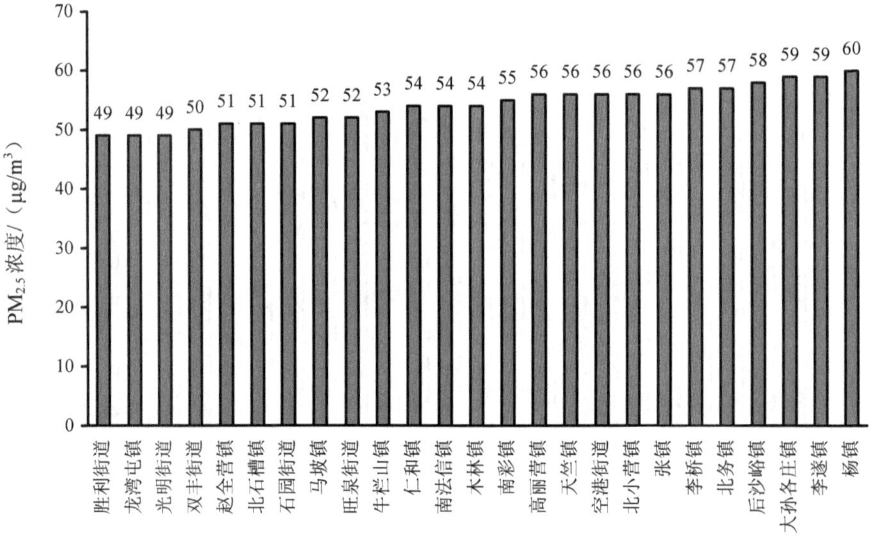

2017 年 10—12 月顺义区各镇 $PM_{2.5}$ 浓度对比图

图 24　秋冬季顺义区各镇 $PM_{2.5}$ 浓度对比图

由图 24 可知，2017 年 10 月李桥镇 $PM_{2.5}$ 月均浓度为 64 μg/m^3、排名 20，11 月月均浓度为 55 μg/m^3、排名 20，12 月月均浓度为 53 μg/m^3、排名 18。

2017 年四季度月均浓度为 57 μg/m^3、排名 20，相比于 2017 年 1—2 月的月均浓度 122 μg/m^3、排名 25，浓度下降了 65 μg/m^3（降比 53.3%）、排名提升 5 位，经受住了供暖影响、扩散条件差等诸多考验，已完成大气环境质量改善目标要求。

四、服务启示

1. 环保管家服务经验

（1）不论是村镇环保管家还是城市、园区、企业、流域环保管家，核心是通过环保综合服务解决客户的切实环保需求，培育的是服务态度，转变的是服务思路，提出的是服务观念，发展的是服务理念。不同类型的环保管家虽各有侧重，但是基本理论、模式、内容、手段等基本相通，基于村镇环保管家服务工作形成的理论体系也适用于园区、企业等，城市区域环保管家的经验也可应用于村镇，环保管家的理论具有极强的普适性和包容性。

（2）开展环保管家服务工作，需全方位了解客户的环保需要，进行环境问题问诊识别，明确工作范围和重点，选定工作模式开展综合服务，定期评估验收服务效果，调整优化服务内容，确保服务质量和效率。

（3）在镇域范围内构建镇（街道）、村（社区）、片区三级网格体系，层层落实巡查、监管工作，实行严格的内外环监督制度，配合采取说服教育、限期整改、环保约谈、联合执法等整治手段，可高效、有力、彻底地管控、整治各类污染源，助力区域环境质量改善。

（4）结合实时监测子站和智能环境车等手段可以明确高值点位分布位置，定量评估镇域内外污染源对区域环境质量的贡献比例，为针对性开展专项环境整治工作提供决策依据。

（5）环境污染源统计由实地的调查统计汇总出丰硕的基础数据，进行归类、分析和总结，再回归于实地管理中，形成一个由大数据分析指导管理行为，管理行为发现问题再反馈给大数据库的良性循环，在循环中不断的完善和补充网格化管理的体系，为村镇内部污染源的环保管理起到积极意义。

（6）通过环保教育和宣传，提升网格员的环保意识、增强环保工作能力，充分发动人民群众解决内部问题，培养一种氛围、赋予一种权利，可事半功倍地推进村镇环境治理工作。

（7）定期召开专家咨询会评估当前工作成果，总结经验和不足，结合任务要求和环保新形势，对后续工作开展提出建设性指导建议，可调整思路、优化方案、统筹布局、重点突击。

2. 存在的问题与不足

（1）李桥镇大力推进环境空气污染整治工作，已清退、关停了70%左右的经营性单位，完成了镇域范围内的煤改电工作。但从成效角度来分析，局地污染治理的效果并没有体现在子站的数据评估上，缺乏数据支撑，与企业和村民的解释、沟通及进一步整治工作的落实难度增大。

（2）受限于独特的地理区位，在内源（首钢冷轧、城市主干道等）和外源（首都机场、通州在施工地等）的交叉影响下，环境整治成效与指标结果不对等，与考核任务仍存在一定差距。

（3）监测子站的数据归类、分析和总结等计算公式不清，单纯以子站数据来评估村镇环境整治管理工作的效果，客观依据不充分，实际工作开展与数据反馈不对等。无法形成数据分析指导管理工作，管理工作发现问题反馈数据库的良性循环，无法在循环中不断完善管理体系、推动环境管理工作。

（4）环境空气污染是整个京津冀区域性问题，在地形、气象条件作用下各地区关联紧密，李桥镇环境空气质量与周边乡镇相互影响，若要改善区域环境质量需在上级政府支持下开展区域大气污染联防联控工作，建立机制、合力推进。

（5）乡镇作为最基层的政府机构，环境管理技术支撑与硬件平台建设匮乏，执法力度、执法措施、执法能力难以满足当前政策要求。

（6）本次环保管家服务核心是区域 $PM_{2.5}$ 浓度达标、主要的途径是通过技术手段开展环境空气整治工作。而环境是一个整体，其要素包括大气、水、声、生物、土壤等，下阶段可统筹“山水林田湖草”系统治理、实施流域环境污染防治、推进土壤污染管控和修复、关注农业面源污染防治、落实固体废弃物和垃圾处置等。

五、案例点评

乡镇的生态环境问题，特别是大城市城乡接合部的环境，是因城市漫延式发展、资源环境承载力局限、污染企业外迁、市政设施匮乏等诸多因素造成，是环境管理最薄弱的环节。环境的改善受制于乡（镇）、村（居）环境管理技术条件和管理能力的制约。为解决好环境管理“最后一公里”的问题，为乡镇一级政府提供全方位、全过程“管家式服务”的模式应运而生。李桥镇作为顺义区城乡接合部综合整治重点地区之一，面临着产业形态复杂、外来人口众多、“散乱污”企业多、违法违规排污现象严重等现实问题。尝试引入环境服务公司开展环境治理暨环保管家服务工作，响应了国务院办公厅关于推行环境污染第三方治理的意见。

该案例的亮点在于环保管家大量运用科技手段作为支撑，用大量实测数据说话，深入开展环境空气污染的内外因核查、污染源台账的建立及动态管理、环境空气综合整治工作的推进和成果巩固，方法得当、成果显现。在开展乡镇级环保管家服务方面具有借鉴和示范意义。

案例 13　山东日照莒县刘官庄镇环保管家服务

环保管家服务委托方：莒县刘官庄镇人民政府

环保管家服务受托方：山东绿之缘环境工程设计院有限公司

一、环保管家服务背景

山东省日照市莒县刘官庄镇是一个因塑料产业而兴、而强、而闻名全国的乡镇。目前塑料制品加工专业村已发展到了 40 个，塑料加工企业 600 余家，形成了集造粒、吹塑、制袋、彩印、塑料机械制造等产供销于一体的完整塑料产业链，被评为“山东省十大产业集群”“山东省十大规模企业聚集园区”和“山东省特色产业镇”，享有“中国塑料产业第一镇”的美誉（图 1）。

图 1　莒县刘官庄镇

当地塑料行业始于 20 世纪 80 年代，从小作坊开始起家，加工户大多将生产设备设置于自家住宅或耕地农田内，形成塑料行业企业具有数量多、规模小、企业与居民区混杂等特点。主要存在的环境问题有以下几方面。

（1）环保意识较为薄弱，环保法律法规落实不到位，很多企业没有环评和验收手续，部分有手续的也存在批建不一的现象。

（2）由于规模不大，企业大多没有专职环保人员，环境管理机构和制度不健全。

（3）部分企业危险废物管理不规范，危险化学品管理底数不清、台账不明，甚至缺少台账和应急预案。

（4）部分吹塑企业吹塑工段及印刷工段废气无组织排放（图 2）。

图 2　吹塑企业

（5）部分吹塑企业废旧塑料清洗废水处理设施陈旧落后，废水跑冒滴漏等问题。

（6）很多塑料加工企业设备简单落后，部分属于淘汰的技术和设备，产业结构需要转型升级，产业布局需要园区化管理，污染治理设施需要进一步提升。

由于以上问题的存在，对当地空气、地表水和地下水环境造成较大地影响，并严重影响了周边村民的生活质量。

随着国家对生态环境的高度重视，环境保护部门对企业督察日趋严格，环保执法呈现出持续高压态势。2017 年 7 月 21 日，原环境保护部打击进口废物加工利用行业环境违法行为专项行动第 38 检查组到刘官庄镇检查，发现该镇某公司存在未批先建、涉嫌偷排、偷放等环境违法行为，镇领导被约谈。随后“中国塑料产业第一镇”迎来了史上最严的环保检查，7 月 29 日全镇数百家涉塑企业因为环保问题被勒令停产整治。

废塑料回收和加工作用和意义十分重大，不仅能有效地减少白色垃圾污染，而且能够有效减少对石油资源的消耗。如何能够保存该镇这一支柱产业，实现塑料回收和加工产业的健康可持续发展，就成为摆在刘官庄镇新一届党委领导面前的头等大事。

环境管理专业性强、技术难度大，但是该镇尚无环保机构和人员。山东绿之缘环境工程设计院有限公司（以下简称“绿之缘”）拥有较完善的环保专家智库、丰富的环保工程经验、先进的环境检测设备、雄厚的技术力量，是目前山东最具实力的环境综合服务平台之一。该镇与绿之缘签署了环保管家服务协议，聘请绿之缘作为环保管家对辖区内存在的环保问题进行指导和治理（图 3）。

图 3　签订环保管家服务协议

二、环保管家服务内容

协议签订后，绿之缘组成了环保管家管理团队和执行团队，入驻该镇全面开展工作；协助镇政府组织企业召开了环保管家启动大会，要求所有企业积极配合环保管家开展工作，并对企业提出了明确的整改标准和要求（图 4）。

图 4 召开环保管家动员大会

1. 开展企业排查

制订网格化排查方案，制作排查表格，明确排查要求，完成了该镇 172 家造粒企业和 664 家吹塑企业的现场排查工作。实行边排查边整改，做到环保问题现场发现，标准要求现场说明，整改意见现场确认，整改时限现场落实，整改通知现场下发，极大地提高了塑料企业的环保意识，加快了整改落实进度。

2. 进行环境检测

根据塑料企业的分布区域及排污口情况，制订了针对造粒企业的环境检测计划，从 2017 年 6 月 5 日至 7 月 7 日，在刘官庄镇域内的沭河、柳青河、淤泥河等河流上下游，以及各造粒企业污水处理厂排污口进行水质布点采样，通过分析化验结果，找出影响断面水质超标的原因，编制沭河水质达标工作方案（图 5）。

图 5　企业排查及水质采样

3. 汇总环保问题

经环保管家资料审核和企业现场排查，涉塑企业主要存在以下环保问题：

（1）很多企业未进行环境影响评价、未取得环评批复或开展环保竣工验收，环保手续不完善。多数企业未开展环境风险评估和应急预案编制工作，应急物资配备不能满足规范要求。

（2）取得环评手续的企业存在批建不一、与实际不符的问题。通过排查发现，有 258 家吹塑企业在 2008 年、2009 年编制了环境影响评价文件，2016 年通过了竣工环保验收。但从实际核查来看，企业实际生产设备较环评时均有较大数量的增加，个别企业厂址变更，生产规模发生重大变化，需重新办理环评手续。

（3）吹塑企业有机废气未经收集处理，无组织排放。吹塑工段及印刷工段有机废气无收集和处理设施，生产废气通过车间顶部排风通气系统无组织排放，对周边空气质量造成较大影响，附近村民反映强烈。

（4）危险废物管理不规范。吹塑企业未设置规范的危险废物暂存场所，缺少危险废物管理制度、标识牌、管理台账委托处理协议及危险废物转移五联单等，危险废物管理需要进一步规范。

（5）生产管理不规范。大部分吹塑企业现场管理有待提高，各功能区布局不合理，生产区域划分不明确，生产流程有待理顺，原材料和产品堆放混乱，各类管理制度及记录台账、档案资料等不齐全。

（6）个别企业选址不合理。企业用地性质不属于建设用地或工业用地，与周边居民、学校、医院等环境敏感点的卫生防护距离不足。

4. 落实整改方案

针对每家企业存在的问题，汇总形成问题清单，对印刷工段有机废气处理技术和装备进行考察论证，与镇政府共同研究选定经济合理、技术可行的污染治理工艺。编制《涉塑企业有机废气治理技术方案》，为企业废气治理提供技术支持；协助镇政府组织有关企业召开整改动员大会，配合环保等有关部门到企业进行执法，全力督促企业加快整改落实（图 6，图 7）。

图 6　现场研究整改方案

图 7　协助环保执法

三、环保管家服务成果及效果

（1）关停取缔一批。结合国家最新产业政策要求，提请镇政府取缔废塑料造粒企业；同时对整改不到位、选址不合理、环保措施不可行、管理不到位的吹塑企业，给予关停转产或者搬迁的建议。

（2）整改规范一批。对选址合理、批建不符的企业，协助镇政府统一协调立项，重新补办环评手续，规范各项环保制度，采取相应的环保措施，按要求整改规范到位的可以继续生产。

（3）提标改造一批。对于环评手续齐全、批建相符的吹塑企业，为适应排放标准逐步加严的要求，对现有废气收集处理措施进行提标改造，确保满足即将出台的地方和行业污染物排放标准。

（4）示范带动一批。挑选环保意识较高的中型企业，实施有机废气治理示范工程，建设有机废气收集和处理设施，实现有机废气达标排放，规范环境管理制度、台账和设施，形成示范带动效应。

（5）入园升级一批。为镇政府制定《塑料产业入园实现产业升级发展规划》，引入县土地储备有限公司建设塑料产业孵化园，集中建设高效废气收集和处理设施，对塑料产业实施整体转型升级。

（6）提供专业技术支持。对吹塑企业废气治理、水性油墨替代等进行专题研究与汇报，形成《刘官庄镇吹塑废气治理方案比选》及《刘官庄镇吹塑企业印刷油墨替代分析》专题技术报告，为镇政府决策提供专业技术支持。

四、服务启示

1. 环保管家服务必须具备环境综合服务能力

环保一站式综合服务成为企业首选，环保管家的服务领域要涵盖环境影响评价、环境检测、竣工环保验收、环保工程、环保设施运维、清洁生产审核、排污许可技术支持等环保各个领域，还要涵盖工程可行性研究、节能评估、水土保持方案和水资源论证、社会稳评等与项目建设相关的各项服务，可以为企业提供“省心、省事、省时、省力、省钱”的“五省”托管式服务。

2. 环保管家服务可以有效提高环境管理水平和污染治理效率

“让专业的队伍干专业的事”是对环保管家最形象的描述，当前各级环保部门监管企业数量多、人手少、压力大，缺少先进的技术装备，在乡镇一级几乎没有环保机构和环境管理人员，导致企业环境监管无法做到全面覆盖。环保管家正好利用自身专业技术优势，可以在较短的时间内实施环境管理标准化和规范化建设，为乡镇政府提供专业技术支持，大大地提高了污染治理的效率。

3. 环保管家服务有利于提高政府环境监管能力

由于环境管理涉及很多专业性领域，尤其是环境治理技术性很强。对于各种污染种类繁杂的行业和企业，日常环保监管不仅需要投入大量的人力、物力和财力，还需要在内容、深度方面进行细化。乡镇政府作为综合性管理部门，本身的业务管理内容繁多，在规划、基础设施配套、管理人员配置等方面存在不同程度的欠缺。通过引入环保管家进行环境管理，充分发挥第三方机构人员和技术优势，针对具体的环保问题、污染治理方式，提供定制化的解决方案，可以很大程度上弥补管理上的短板，实现对污染企业的精细化、专业化管理（图 8，图 9）。

图 8　镇驻地优美的环境

图 9　沭河流域环境综合整治工程

五、案例点评

绿之缘环境集团为“中国塑料第一镇”提供的环保管家服务，是一次全面、深入地环境综合服务，它考验的是环保管家的专业技术实力与综合服务能力。在“中国塑料第一镇”的环保管家服务中，绿之缘环保管家以“规范企业环境管理、管控企业环境风险、改善区域环境质量和服务经济绿色发展”为目标，为乡镇政府的环境管理工作提供了强有力的专业技术支持，大大提升了环境治理效率，也完善了环保管家服务模式。通过绿之缘环保管家服务，“中国塑料第一镇”环境管理的不断规范，环境质量得到显著改善，不仅保存了刘官庄镇这一特色经济产业，有效地化解了经济发展和环境保护的矛盾并实现了绿色转型升级、健康持续发展。

案例14　宁波慈溪市龙山镇环保管家服务

环保管家服务委托方：慈溪市龙山镇人民政府

环保管家服务受托方：浙江环科环境咨询有限公司

一、环保管家服务背景

2015年新环保法明确了企业的污染防治责任，实施以来，国家进一步加强了环境监察执法力度，加大了对环境违法行为的法律制裁强度，特别是中央环保督察的强势推进，环保部对“散乱污”企业的环保要求日益严苛，对基层环保部门的监管能力提出了更高的要求。

小微企业是浙江省市场经济中的最活跃的基本细胞，在增加就业机会，促进经济增长水平、科学技术创新及社会和谐等方面具有不可替代的作用。但是，大部分小微企业呈现出产出低、规模小、分布散、秩序乱的特点。龙山镇是宁波市私营经济十分发达的工业重镇，区域内分布的工业企业2 000余家，企业自身环保意识和管理能力普遍存在短板，环境风险相对较高，环保监管压力大。

为有效解决龙山镇企业“低小散”、环境“脏乱差”和环境污染隐患突出等问题，积极推进当地产业整治规范提升，促进城镇、村居、产业和环境和谐发展。为企业适应新常态、构筑新优势、推进新发展营造良好的环境。2017年6月，龙山镇政府首次提出了通过第三方环保管家服务项目，即采用“政府买服务”引入第三方专业机构协助当地落实环保监管，在双方合同约定的框架内充分发挥环保管家在人员数量和专业技术水平等方面的优势，有效地支撑基层环保管理部门日常繁重的企业现场检查工作，降低区域性环保事故风险，提升区域性环保监管水平。

二、环保管家服务内容

1. 环保管家内容

本次环保管家服务内容主要为环保问题排查，排查内容具体包括以下几个方面。

（1）核查项目批建符合性及存在的问题。

（2）排查企业污染源污染物产生情况。

（3）检查企业废气、废水收集、处理设施运行情况及存在的问题。

（4）检查企业雨污分流情况及存在的问题建议，提出整改方案。

（5）核查企业固体废物含危险废物收集、贮存、外运记录和台账，并开展评估。

（6）开展企业环境风险隐患排查，核查重点企业环境应急设施维护和物资配备情况存在的问题。

2. 服务调查范围

根据龙山镇镇政府有关工作安排，环保排查具体涉及龙山片区、三北片区和范市片区，共包含金夹岙村、邱王村、东门外村、龙山所村、黄杨岙村、方家河头村和潘岙村等 28 个行政村（图 1）。

图 1 排查区域

3. 服务项目关键点

本次环保管家服务的关键点主要分解为以下三个方面。

（1）工业企业环境隐患排查及环境应急措施有效性跟踪。工业企业环境隐患隐蔽不易察觉，针对龙山镇的产业结构布局，管家服务团队第一时间研究了各行业的排查工作细则，明确排查人员现场的排查重点内容，并做好详细的排查记录，如有疑问启动专家现场问诊。同时，管家服务团队会记录初次检查概况，并根据企业现状实施等级管理，要求环境隐患较大的企业落实自查、备案等手续（图 2）。

（2）污染控制措施运行情况监管。污染防治措施是确保工业企业“三废”排放浓度和排放总量达标的末端控制，是本次环保管家服务工作中日常排查的主要内容。管家服务团队对污染控制措施存在问题的企业进行系统梳理，原则是及早发现，及早解决。

（3）环境管理水平提升。再好的环保治理手段也经不住闲置或滥用，无序的环境管理只能使企业的环保工作更加繁重无功，为此，环保管家服务团队在进行环境隐患排查及环境污染控制措施检查的同时，还致力于协助企业进行环境管理咨询，为提升其环境管理水平提出相关意见建议。

废气处理措施未按标准放置

厂区内污水、废水流入雨水管网

危废堆放处无标识、无防渗漏措施

固废未落实分类存放

图 2　现场情况

三、环保管家服务成果及效果

2017 年 7—8 月，历时 1 个月，管家服务团队组织相关技术力量，对龙山镇辖区内的工业企业进行了地毯式环保排查工作，涉及 28 个行政村，共计调查企业 1 086 家，派出调查人员 600 余人次。通过排查，协助龙山镇政府进一步厘清了辖区内各工业企业环保现状，取得显著成效。

（1）提取了辖区内工业企业的基本信息，为龙山镇政府建立环保的基础档案库。

（2）剖析了辖区内工业企业的环境管理问题，为龙山镇政府推动企业进行环境整治提供依据。

（3）发现了辖区内部分企业的环境风险隐患，为龙山镇政府预防环境污染和降低环境风险指明方向。

（4）摸清了辖区内企业污染现状，为龙山镇政府制定负面清单、环境准入门槛及其他环保政策提供综合决策依据。

四、服务启示

1. 获得的启示

目前，环境咨询机构面临难得的历史发展机遇，不能在“等、靠、要”的惯性思维中踯躅不前。认清形势，看清市场需求，环保管家服务就是围绕需求，以改善环境质量为核心，提升企业环境管理能力为目的，以环境问题的有效解决为导向，提供综合性的服务。龙山镇环保管家服务虽说服务内容主要还是排查，是管家服务的初级阶段，但此项目是开拓镇域管家服务的基础，是环境咨询服务领域的新探索。

2. 取得的经验

（1）拓展服务领域

龙山镇环保管家服务项目是探索镇级环保管家服务的尝试，通过环保管家服务，可以与当地政府建立紧密的沟通联动机制。通过定期组织协调会议，及时反映存在问题，研究制订处理方案等，形成了一条较为顺畅的信息流动链条，为以后深入基层、拓展业务提供了坚实的基础，为拓展环保管家服务提供了宝贵的经验。

（2）延伸服务链条

多年来，“低小散”企业不是环评服务的主要对象，但却是日后环保咨询服务的主要市场。浙江是小微企业的摇篮，近 90%的工业企业都是规模以下的小微企业，通过此次环保管家服务，一方面了解了大部分小微企业存在的环保问题；另一方面激励传统咨询企业转型发展，拓展新的业务范围，同时通过强有力的技术力量和专家服务团队，帮助企业解决实际困难。

五、案例点评

传统的环评公司以建设项目环评、规划环评为主营业务，在污染治理方面缺乏实战经验，在区域环境质量提升决策支持上有欠缺，在科技创新上缺乏能力。虽然这几年很多企业在谋求转型，通过招贤纳士、内部业务架构调整等，但是归根结底，不断地创新才是最好的转型途径。

在互联网时代，环保咨询机构应打开思路，在考虑客户需求时，认清哪些价值需要自身创造，哪些可以由合作者提供。不同的环保管家单位提供的管家服务的核心竞争力是什么，能提供的“差异化服务”又是什么，此次龙山镇环保管家服务就为传统环评企业转型环保管家系列服务提供了新的方向。

本章三个案例旗帜鲜明的告诉我们，乡镇基层、美丽乡村建设需要环保管家的服务和支撑，需要送服务、解难题、下基层，无论是促进绿色生产方式转变和低碳生活方式的形成都需要环保管家贡献力量，可以说广阔天地大有作为。

第六章 其他环保管家服务案例

案例 15　环境污染综合责任保险环保管家服务

环保管家服务委托方：人保财险浙江衢州市分公司

环保管家服务受托方：衢州市环境医院

一、环保管家服务背景

衢州市地处浙江省西部，产业结构以重化工为主。市内既存在巨化集团有限公司等大型国有化工集团，也存在工业园区，集聚了一大批中小型化工企业。当地作为钱塘江上游城市，环保和饮用水安全成为不可忽视的两大问题。衢州市政府做出了“一江清水送杭城”的庄严政治承诺。

多年来环保管理部门对化工企业的管理基本依靠行政手段，“人少事多装备差”的状况长期存在，“以罚代管”往往成为无奈之举。为改善以上情况，有效降低企业运行过程当中的环境污染和环境风险，2017 年，借由衢州市成为绿色金融试点城市的契机，衢州市金融办推出“安全生产和环境污染综合责任保险”（以下简称“安环险”）服务，以全面提升政府在安全和环保方面的服务指导能力。具体由人保财险浙江衢州市分公司承保，由衢州市环境医院为保险公司提供专业的第三方技术支撑，协助开展该项目。

二、环保管家服务内容

“安环险”是在以往的环境污染责任保险的基础上增加了安全生产事故责任保险和危险品运输保险（企业可根据自身生产经营特点，选择其中一项、二项或三项保险内容进行投保），是企业环境责任保险的一个升级，险种更综合，保障更全面。该项服务采用的是“政保合作”模式，通过政府保费补贴，实行差异化的费率以及引入专业第三方服务机构的模式，来推动企业建立全面风险管控体系，激励保险机构建立完善的实时动态监测和预警机制。

其中，环境污染综合责任险是以被保险人因污染环境而应承担的损害赔偿和治理责任为标的的责任保险；危险品运输责任险是指在保险期间内，运输车辆在中华人民共和国境内运输和装卸保险单载明的货物时，发生了条款约定的责任事项时应由企业承担的经济赔偿责任，保险公司按照保险合同的约定负责赔偿。安全生产事故责任是投保企业在生产经营活动中发生生产安全事故，造成的从业人员或者第三者的人身伤亡，由保险公司在赔偿限额内承担生产经营单位依法应负的赔偿责任。

在企业日常生产风险管理的过程中，由衢州市环境医院等第三方服务机构为企业提供安全生产、环境风险管理工作相关的技术服务。服务包括现场风险评估、安全技术服务和环境技术服务。以此来降低企业的生产风险。

一是在现场风险评估方面，由专业的第三方机构（衢州市环境医院等）制订安环责任保险风险总体管理方案，包括对企业进行现场风险评估。对企业已有的环境和安全相关资料进行搜集和整理，实地查看企业的生产经营情况，了解企业环境和安全管理重点，获取企业周边安全和环境敏感受体分布，评估其安全及环境风险，给出评估结果。

二是在环境技术服务方面，由衢州市环境医院等督促检查企业涉及水、气、固体废物、噪声管理为主，以及落实环境应急预案和应急演习落实情况，监督检查企业生产经营中的环境保护管理制度和事故防范措施实施状况。

三是在安全技术服务方面，由当地安全服务公司督促检查企业的涉及动火作业、临时用电作业、受限空间作业、高处作业、动土作业、断路作业、吊装作业、盲板抽堵作业八大特殊作业为主，以及危险化学品充装、装卸等危险性较大作业的现场管理，监督检查企业执行特殊作业及其他现场作业安全管理制度和事故防范措施落实。

三、环保管家服务成果及效果

“安环险”项目经过一年期的运行和摸索，卓有成效的帮助衢州本地的化工企业补足了安全环保方面的短板。衢州市环境医院等单位通过现场服务、每月巡检、开展培训等方式为参保企业提供专业、全面、细致的咨询服务。参保企业在现场管理、制度制定、人员配备、物资储备、应急演练等各个环节受益匪浅，基本达到了规范化管理的要求。

在“安环险”服务期间，衢州市经历了中央环保督察、浙江省专项环保督察等几次大考。在几次督察的过程当中，群众对参保企业无重点投诉信访。2017 年全年，参保企业未发生重大环境污染事故（图 1）。

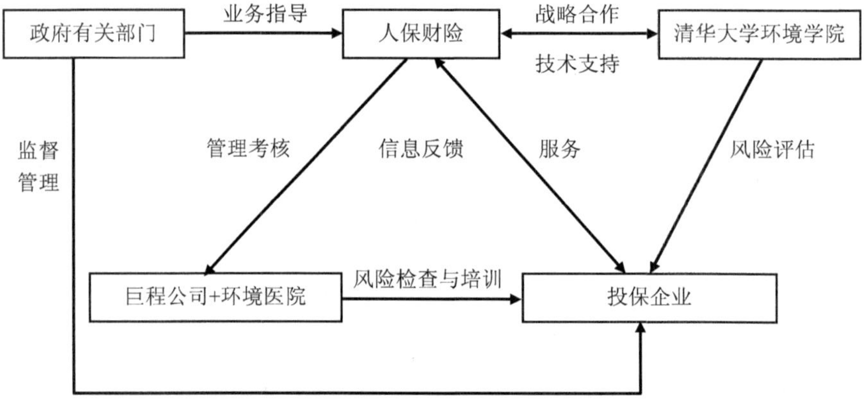

图 1　浙江衢州安环险风控体系结构

四、服务启示

经过为期一年的服务，衢州市“安环险”实施的工作要点和步骤总结以下所述。

（1）强化组织领导

作为政保合作的重点项目，首先要成立工作机构，确立政府牵头部门、相关职能部门和承保的保险公司组成的推广工作小组，负责相关工作的组织、协调与实施。由于保险创新项目一般都有试点推广到全覆盖的过程，因此试点期的保险公司选择以一家为宜，且“安环险”的特性要求承保公司必须具备较高的实力、技术、网络与服务等优势，并明确各部门的工作职责。

（2）做好前期调研

对辖区内化工企业规模、风险等所有状况进行全面摸底，为实施方案制定提供翔实资料。

（3）制订“安环险”实施方案

由市金融办主导牵头“安环险”项目制度设计和实施方案制订，并由六部门联合发文。

（4）全面动员部署

召开全市“安环险”推进大会，市政府及相关职能部门、所有试点企业和第三方服务单位人员参加动员部署。

（5）开展试点推进

由市安监局牵头，组成安监、环保和人保财险公司参加的若干个工作小组，深入企业一对一地进行承保实施。

（6）第三方评估和服务

一是由环境医院等第三方服务机构定期开展每月至少一次的风险巡查，帮助企业预见性消除安全隐患。二是开展每季一次的“安环培训”，做好对企业现有管理人员安环业务知识培训和指导专业培训。三是开展企业特殊作业、应急演练等特殊应急救援预案和从业人员培训等工作。

五、案例点评

该案例结合衢州当地化工产业发展现状，通过对易发大面积安全危害和环境污染的工业企业，特别是危险化学品企业环境污染和安全生产两个层面的存在的问题，衢州市环境医院辅助人保财险浙江衢州市分公司综合了安全生产责任保险、环境污染责任保险及危险品运输保险等产品，探索推出一种新的绿色保险模式即安环险。

该产品采用“政保合作”的模式，即通过政府保费补贴，实行差异化的费率，具有费率低、保险责任广泛和承保面广（政保合作对承保面具有积极的支撑作用）等特点。同时，引入衢州市环境医院等专业第三方服务机构，倒逼企业推动全面风险管理体系建设，激励保险机构建立动态监测和预警机制，达到政府、企业、保险公司三方共赢的局面。安环险开拓了环保管家服务的新模式、新领域，是环保管家服务绿色金融体系建设的有益尝试。

该案例是环保管家服务在绿色金融领域的一次大胆探索，其落地虽有一定的特殊性，但绿色金融是今后我国生态文明体制改革的重要方向，相信会有越来越多绿色金融产品需要环保管家提供技术服务和模式创新。

附录

国务院办公厅关于推行环境污染第三方治理的意见

国办发〔2014〕69 号

各省、自治区、直辖市人民政府，国务院各部委、各直属机构：

环境污染第三方治理（以下简称第三方治理）是排污者通过缴纳或按合同约定支付费用，委托环境服务公司进行污染治理的新模式。第三方治理是推进环保设施建设和运营专业化、产业化的重要途径，是促进环境服务业发展的有效措施。近年来，各地区、有关部门在第三方治理方面进行了积极探索，取得初步成效，但还存在体制机制不健全，法律、政策有待完善等问题。为推行第三方治理，经国务院同意，现提出以下意见：

一、总体要求

（一）指导思想。全面贯彻落实党的十八大和十八届二中、三中、四中全会精神，坚持社会主义市场经济改革方向，按照党中央、国务院的决策部署，以环境公用设施、工业园区等领域为重点，以市场化、专业化、产业化为导向，营造有利的市场和政策环境，改进政府管理和服务，健全统一规范、竞争有序、监管有力的第三方治理市场，吸引和扩大社会资本投入，推动建立排污者付费、第三方治理的治污新机制，不断提升我国污染治理水平。

（二）基本原则。

1. 坚持排污者付费。根据污染物种类、数量和浓度，排污者承担治理费用，受委托的第三方治理企业按照合同约定进行专业化治理。

2. 坚持市场化运作。充分发挥市场配置资源的决定性作用，尊重企业主体地位，营造良好的市场环境，积极培育可持续的商业模式，避免违背企业意愿的“拉郎配”。

3. 坚持政府引导推动。更好地发挥政府作用，创新投资运营机制，加强政策扶持和激励，强化市场监管和环保执法，为社会资本进入创造平等机会。

（三）主要目标。到 2020 年，环境公用设施、工业园区等重点领域第三方治理取得显著进展，污染治理效率和专业化水平明显提高，社会资本进入污染治理市场的活力进一步激发。环境公用设施投资运营体制改革基本完成，高效、优质、可持续的环境公共服务市场化供给体系基本形成；第三方治理业态和模式趋于成熟，涌现一批技术能力强、运营管理水平高、综合信用好、具有国际竞争力的环境服务公司。

二、推进环境公用设施投资运营市场化

（四）改革投资运营模式。推动环境公用设施管理向独立核算、自主经营的企业化模式转变，实行投资、建设、运营和监管分开，形成权责明确、制约有效、管理专业的市场化运行机制。对可经营性好的城市污水、垃圾处理设施，采取特许经营、委托运营等方式引入社会资本，通过资产租赁、转让产权、资产证券化等方式盘活存量资产。鼓励打破以项目为单位的分散运营模式，采取打捆方式引入第三方进行整体式设计、模块化建设、一体化运营。对以政府为责任主体的城镇污染场地治理和区域性环境整治等，采用环境绩效合同服务等方式引入第三方治理。鼓励地方政府引入环境服务公司开展综合环境服务。

（五）推进审批便利化。对政府和社会资本合作开展的第三方治理项目，要认真编制实施方案，从项目可行性、财政负担能力、公众意愿和接受程度等方面进行科学评估和充分论证，相关部门要依法依规加快规划选址、土地利用、节能、环评等前期建设条件的审查。各地区要改进审批方式，提高审批效率。有条件的地区要建立联合审查制度，在政府统一的政务审批平台上实行并联审批。

（六）合理确定收益。对特许经营、委托运营类项目，要参考本行业平均利润、银行存贷款利率等因素，科学确定投资收益水平，并逐步向约定公共服务质量下的风险收益转变，政府不得承诺不合理的高额固定收益回报。对环境绩效合同服务类项目，要建立公平、合理的绩效考核和评价机制，公共财政支付水平与治理绩效挂钩。完善价格调整机制，明确约定中标价的调整周期、调整因素和启动条件等。

（七）保障公共环境权益。统筹好公益性和经营性关系，对项目经营者处置相关的特许经营权、土地使用权、设施和企业股权等资产及其权益做出限制性约定，不得随意转让。建立退

出机制，制定临时接管预案，在项目经营者发生危害公共利益和公共安全情形时，及时启动临时接管预案。

三、创新企业第三方治理机制

（八）明确相关方责任。排污企业承担污染治理的主体责任，第三方治理企业按照有关法律法规和标准及排污企业的委托要求，承担约定的污染治理责任。抓紧出台第三方治理的规章制度，对相关方的责任边界、处罚对象、处罚措施等作出规定。

（九）规范合作关系。研究制定第三方治理管理办法，发布标准合同范本，保障相关方合法权益。排污企业和第三方治理企业应按照有关法律法规和市场规则，签订委托治理合同，约定治理标准、内容、费用；通过履约保证金（保函）、担保、调解、仲裁等方式，建立健全履约保障和监督机制。

（十）培育企业污染治理新模式。在工业园区等工业集聚区，引入环境服务公司，对园区企业污染进行集中式、专业化治理，开展环境诊断、生态设计、清洁生产审核和技术改造等；组织实施园区循环化改造，合理构建企业间产业链，提高资源利用效率，降低污染治理综合成本。在电力、钢铁等行业和中小企业，鼓励推行环境绩效合同服务等方式引入第三方治理。

（十一）探索实施限期第三方治理。选择若干有条件地区的高污染、高环境风险行业，对因污染物超过排放标准或总量控制要求，被环境保护主管部门责令限制生产、停产整治且拒不自行治理污染的企业，列出企业清单向社会公布，督促相关企业在规定期限内委托环境服务公司进行污染治理。

四、健全第三方治理市场

（十二）扩大市场规模。各级政府要增加环境基本公共服务有效供给，加大环保投入，大力推动环保产业发展；严格执行环保法律法规和标准，强化环保执法，增强排污企业委托第三方治理的内生动力。鼓励政府投融资平台和社会资本建立混合所有制企业，参与第三方治理。第三方治理取得的污染物减排量，计入排污企业的排污权账户，由排污企业作为排污权的交易和收益主体。

（十三）加快创新发展。支持第三方治理企业加强科技创新、服务创新、商业模式创新，通过兼并、联合、重组等方式，实行规模化、品牌化、网络化经营。以国家级环保产业园区、骨干环境服务公司等为载体，建设一批产学研用紧密结合的环保技术创新和成果转化平台。

（十四）发挥行业组织作用。相关行业组织要积极借鉴国内外先进经验和做法，加强对第三方治理的跟踪研究；开展业务培训和案例分析，及时总结推广成功的商业模式；组织开展技术咨询、绩效评估等。建立健全行业自律机制，提高行业整体素质。

（十五）规范市场秩序。对环境公用设施，一律采用公开招标或竞争性谈判方式确定特许经营方或委托运营方。实施综合评标制度，将服务能力与质量、运营方案、业绩信用等列为招投标条件，不得设定地域歧视性条件，避免低价低质中标。推动建立企业诚信档案和信用累积制度，第三方治理企业要如实向社会公开污染治理设施建设、运行和污染排放情况。

（十六）完善监管体系。健全政府、投资者、公众等共同参与的监督机制，实行准入、运营、退出全过程监管，探索综合监管模式。探索实施黑名单制度，将技术服务能力弱、运营管理水平低、综合信用差的环境服务公司列入黑名单，定期向社会公布。依法公开第三方治理项目环境监管信息。

五、强化政策引导和支持

（十七）完善价格和收费政策。加大差别电价、水价实施力度。提高排污费征收标准，实行差别化排污收费。完善污水、垃圾处理收费政策，适当提高收费标准，逐步覆盖全处理成本。严格落实垃圾发电价格政策。建立健全鼓励使用再生水、促进垃圾资源化的价格机制。全面落实燃煤发电机组脱硫、脱硝、除尘等环保电价政策。

（十八）加大财税支持力度。对符合条件的第三方治理项目给予中央资金支持，有条件的地区也要对第三方治理项目投资和运营给予补贴或奖励。积极探索以市场化的基金运作等方式引导社会资本投入，健全多元化投入机制。研究明确第三方治理税收优惠政策。

（十九）创新金融服务模式。鼓励银行业金融机构创新金融产品和服务，开展节能环保信贷资产证券化，研究推进能效贷款、绿色金融租赁、碳金融产品、节能减排收益权和排污权质押融资；对国家鼓励发展的第三方治理重大项目，在贷款额度、贷款利率、还贷条件等方面给予优惠。加快推行绿色银行评级制度。鼓励保险公司开发相关环境保险产品，引导高污染、高环境风险企业投保。

（二十）发展环保资本市场。对符合条件的第三方治理企业，上市融资、发行企业债券实行优先审批；支持发行中小企业集合债券、公司债、中期票据等债务融资工具；支持适度发展融资租赁业务，引入低成本外资。选择综合信用好的环境服务公司，开展非公开发行企业债券试点。探索发展债券信用保险。

六、加强组织实施

（二十一）强化组织协调。发展改革委、财政部要加强统筹协调，制定推进第三方治理的投融资、财税等政策。环境保护部要健全环保标准和政策，强化执法监督。住房城乡建设部要深化城镇环境公共基础设施领域改革，加强建设和运营管理。人民银行、银监会、证监会、保监会要会同有关部门研究支持环境服务业发展的金融政策。各省（区、市）政府要加强组织领导，健全工作机制，结合本地区实际，制定推行第三方治理的实施细则。

（二十二）总结推广经验。选择有条件的地区和行业，就第三方治理制度和模式进行改革示范。发展改革委、财政部要会同环境保护部、住房城乡建设部等部门，密切跟踪改革进展情况，协调解决工作中的困难和问题，及时总结推广各地成熟的经验和做法，重大情况向国务院报告。

国务院办公厅

2014 年 12 月 27 日

关于积极发挥环境保护作用促进供给侧结构性改革的指导意见

环大气〔2016〕45号

各省、自治区、直辖市环境保护厅（局），机关各部门，各派出机构、直属单位，新疆生产建设兵团环境保护局，解放军环境保护局：

推进供给侧结构性改革是党中央、国务院做出的重大决策部署，是我国“十三五”时期的发展主线，对于提高社会生产力水平，不断满足人民日益增长的物质文化和生态环境需要具有十分重要的意义。当前，供给侧结构性改革的重点是去产能、去库存、去杠杆、降成本、补短板，环境保护应该在推进重点工作中充分发挥积极作用。

各级环保部门要全面贯彻党的十八大和十八届三中、四中、五中全会精神，深入落实习近平总书记系列重要讲话精神，按照“五位一体”总体布局和“四个全面”战略布局，牢固树立创新、协调、绿色、开放、共享的发展理念，加大生态文明建设和环境保护力度，打好大气、水、土壤污染防治三大战役，积极促进经济结构转型升级，提高经济发展质量和效益，为人民群众提供更多优质生态产品，推动形成人与自然和谐发展的现代化建设新格局。

一、强化环境硬约束，推动去除落后和过剩产能

去产能是供给侧结构性改革的首要任务。要明确重点任务，加大环境监管力度，积极促进淘汰落后产能和化解过剩产能。要突出抓好钢铁、煤炭行业环境保护综合整治，具体工作我部将会同有关部门另行安排部署。

（一）加快清理整顿违法违规建设项目。全面清理整顿违法违规建设项目，是国务院确定并要求各省级人民政府于2016年年底前完成的一项重点任务。

各省级环保部门要按照省级人民政府的安排，督促下级人民政府加快推进违法违规建设项目清理工作。尚未全面完成建设项目排查的，要在 2016 年 5 月底前限时完成排查任务，列出违法违规建设项目清单。已完成排查任务的，要学习借鉴山东、江苏、山西、湖南等省份清理整顿工作经验，对违法违规建设项目“淘汰关闭一批、整顿规范一批、完善备案一批”。

各省级环保部门应当对下级人民政府清理整顿工作进行监督检查，按月调度情况并对市、县工作情况开展抽查，从 2016 年 5 月开始，每月 10 日前将进展情况报送我部。对于推进工作不力的，要及时以书面形式向省级人民政府报告，并切实加大督办力度。我部将适时对各地清理整顿情况开展督察。

（二）推进取缔“十小”等污染严重企业。取缔“十小”企业是《水污染防治行动计划》确定并要求各省级人民政府于 2016 年年底前完成的重点工作。

各省级环保部门要会同有关部门，督促下级人民政府在对造纸、制革、印染、染料、炼焦、炼硫、炼砷、炼油、电镀、农药等 10 个行业全面排查的基础上，对于装备水平低、环保设施差、污染严重的小型工业企业，要依据国家有关法规、政策和当地环境质量状况，确定“十小”企业名单并全部予以取缔。对于其他行业污染严重、达标无望的小企业，也要依法实施取缔。取缔情况应通过当地主要媒体向社会公开。各省级环保部门要加强对下级人民政府取缔工作情况的监督。

（三）加速淘汰黄标车和老旧车。2016 年全国要淘汰 380 万辆黄标车和老旧车，到 2017 年年底基本淘汰全国范围的黄标车。各地环保部门要认真总结近年来黄标车和老旧车淘汰工作经验，积极协调配合公安、交通运输等部门，建立黄标车及老旧车辆信息台账，制订淘汰计划，层层分解落实淘汰任务。

各地要坚持行政约束与经济激励并举，推动出台高污染车辆限行法规，依法划定限行、禁行区域和时段并严格执行。认真落实国家已明确的补贴政策，加大对提前淘汰的黄标车尤其是大型客货车、出租车、公交车补贴力度，积极支持新能源车和节能环保车辆发展。

要研究制定便民服务措施。通过报纸、网络等多种形式公告淘汰黄标车和老旧车所需的各种手续材料，开辟绿色通道，设立多部门联合服务窗口，简化流程，提供报废、补贴、换新车一站式服务。对于即将达到强制报废和强制注销要求的车辆，要通过电话、短信、公告等方式提前告知车主按期办理报废手续。

要建立和完善多部门会商制度，定期召开工作协调会，调度进展情况，及时解决突出问题，确保淘汰工作有序开展。我部将每月调度各地工作进展情况并向社会通报。

二、严格环境准入，促进提高新增产能质量

通过提高环境准入门槛，促进新增产能更优，新增产品更加环境友好，不断满足全社会日益增加的对高质量产品和服务的需求。

（四）优化新增产能布局和结构。加快开展京津冀、长三角、珠三角和长江经济带等地区战略环评，研究提出“生态保护红线、排污总量上限、环境准入底线”，为编制和实施城乡建设、产业升级和经济社会发展等规划提供指导。

加强规划环评与建设项目环评联动。全面开展产业园区、公路铁路及轨道交通、港口航道、矿产资源开发、水利水电开发等重点领域规划环评。对于重点领域相关规划未依法开展环评的，不得受理其建设项目环评文件。对于已依法开展规划环评的，要将规划环评结论及审查意见作为项目环评审批的重要依据。

严禁新增低端落后产能。各地在制定产业市场准入负面清单时，要充分考虑当地环境质量状况，严格控制超出本地资源环境承载力的新增产能，防范过剩和落后产能跨地区转移。国家明令禁止审批的项目，各地必须严格执行。

鼓励发展优质产能。对于产品升级换代、工艺技术改造、环境综合整治、城乡污染治理、新兴产业以及环保产业等建设项目给予大力支持。2016 年年底前，完成建设项目环评分类调整。其中，对于基本没有环境影响的项目，取消环评审批。对于环境影响较小的，实行备案管理。对于其他项目，开辟绿色通道，简化审批程序，缩短审批周期。

（五）促进企业加快升级改造。各地应综合考虑环境质量、发展状况、治理技术、经济成本、管理能力等因素，科学合理制定地方污染物排放标准，充分发挥环境标准引领企业升级改造和倒逼产业结构调整的作用。环境质量超标地区，要根据环境质量改善目标和进程，制定并实施分阶段逐步加严的地方标准。严格实施工业污染源全面达标计划，推动企业升级改造。对于提前达到下阶段更严排放标准的，鼓励各地采取贴息、以奖代补等方式支持企业提标改造。

推动燃煤、车用油品、船用燃料油、石油焦、生物质燃料、涂料、烟花爆竹以及锅炉等产品标准的制修订，增加有害物质控制和大气环境保护要求，为社会提供更多的环境友好型产品。

（六）严格监督劣质煤炭的生产使用。北方省份尤其是采暖期易出现空气重污染的地区，要加快协调制定以环保指标为主要内容的、严于国家标准的地方煤炭质量标准。加大对煤炭使用企业的检查力度，对燃用煤炭不符合质量标准的，依法处罚。

各地要高度关注城乡接合部、农村地区的取暖用煤、生活用煤、蔬菜大棚用煤，在秋冬储煤、用煤季节，要协调配合煤炭质量监督、工商等部门加大抽查和督察力度，严厉打击企业送检样品和实际使用不一致等弄虚作假行为。

三、落实环境治理任务，推动环保产业发展

大气、水、土壤污染防治三大战役提出了明确的环境质量改善目标和污染治理任务，为环保产业扩大产业规模、优化产业结构、提高技术水平和市场化程度提供了大好机遇。环保产业发展也将为实现环境质量改善目标提供有力支撑。

（七）扩大有效市场需求。按照“十三五”环境质量改善目标和大气、水、土壤污染防治要求，各地环保部门要会同有关部门认真研究本地区环境保护重点任务和治理需求，重点围绕大气污染防治行动计划、水污染防治行动计划和土壤污染防治，推动实施一批环境基础设施建设、工业污染治理、环境综合整治等工程项目。

各地要向社会公开工程项目清单等信息，全面废止妨碍形成统一开放环保市场和公平竞争的规定和做法，积极研究政策措施，建立完善投融资平台，推动多元治理模式，主动引导社会各界参与污染治理。

（八）积极推进政府和社会资本合作（PPP）模式。国家将在全国范围内组织建立环境保护 PPP 中央项目储备库，并向社会推介优质项目。中央财政专项资金、国家专项建设基金、开发性金融资金、中央拨付的各类环保资金等将优先支持环境保护 PPP 项目的实施。各地要高度重视并结合环境质量改善目标和治理任务的需要，紧紧围绕环境基础设施建设、区域环境综合整治等，建立重点推介项目库，上报一批、实施一批、储备一批。会同有关部门建立 PPP 项目绿色通道、部门联批联审一站式服务，制定支持性政策措施，确保高质量 PPP 项目的顺利实施。

（九）鼓励发展环境服务业。坚持污染者付费、损害者担责的原则，不断完善环境治理社会化、专业化服务管理制度。建立健全第三方运营服务标准、管理规范、绩效评估和激励机制，鼓励工业污染源治理第三方运营。

推进环境咨询服务业发展，鼓励有条件的工业园区聘请第三方专业环保服务公司作为“环保管家”，向园区提供监测、监理、环保设施建设运营、污染治理等一体化环保服务和解决方案。开展环境监测服务社会化试点，大力推进环境监测服务主体多元化和服务方式多样化。

在城镇污水处理、生活垃圾处理、危险废物处理处置、烟气脱硫脱硝除尘、工业污染治理、区域环境综合整治、城市黑臭水体治理、土壤污染治理与修复等领域，鼓励发展集投资融资、系统设计、设备成套、工程施工、调试运行、维护管理等一体化的环保服务总承包和环境治理特许经营模式。

各地要加快落实发展改革委、财政部、住房城乡建设部已经明确的污水处理收费标准调整政策，使收费标准能补偿污水处理和污泥处置设施的运营成本并合理盈利。通过合理制定和调整污水处理收费标准，形成合理预期，吸引更多社会资本以特许经营、政府购买服务、股权合作等方式，积极参与污水处理设施投资建设和运营服务。

（十）规范环境服务市场。严格依法监管环境服务市场，对于故意不正常使用防治污染设施超标排污的、伪造或篡改监测监控数据的，不仅要追究排污单位的主体责任，还要依法追究负有责任的建设和运营单位责任，并列入失信企业名单，推动其他部门和社会组织依法依规给予联合惩戒。对于环境监测机构在监测服务中存在弄虚作假行为的，也要依法追究责任，向社会公开，并限制其参与政府购买环境监测服务或政府委托项目。

（十一）推广先进适用技术和生态化治理技术。定期发布《国家先进污染防治示范技术名录》，建立信息共享平台，及时向社会公布有关技术信息。充分发挥行业协会作用，组织开展散煤治理、黑臭水体整治、挥发性有机物（VOCs）治理、污染地块和土壤修复等领域先进适用技术的经验交流和试点示范，为企业提高治污效率、降低治污成本提供指导。环保专项资金中，要安排一定的比例支持环保新技术、新工艺、新产品的示范应用。

（十二）大力推动治污工程生态化。各地要立足本地实际，遵循自然规律，把治污工程建设与生态修复、景观营造有机结合，在有效治污的同时，打造出更多的环境友好型生态空间。

在黑臭水体治理、河流湖泊治污改造、污水和垃圾处理、排污口设置、农村环境连片整治等领域，要采取自然生态化的设计理念，因地制宜地开展湿地、公园、绿地、生态涵养区等建设。特别是在城市河道污染治理中，要摒弃河道“三面光”模式，最大限度减少岸坡、地面硬化，尽可能多采用原生乡土物种建设本地生境。

四、推进创新驱动，完善支持政策

创新环境保护政策，坚持逆向约束和正向激励并重，增强市场主体环境保护内生动力，推动建设资源节约型、环境友好型产业体系。

（十三）推行环保领跑者制度。选择生产和使用量大、减排潜力大、标准完善、绿色供应链管理先进、环境友好替代技术成熟的产品，组织实施产品环保领跑者制度。国家制定环保领跑者标准和统一标识，发布环保领跑者产品名单，给予名誉奖励和政策激励。遴选工作委托第三方机构开展。要加强跟踪调查，对出现产品质量不合格的，公开撤销标识，并追缴补贴。

在钢铁、煤炭、电力、化工、建材、造纸、有色、铅蓄电池等行业，选择标杆企业，研究建立企业环保领跑者制度。

（十四）推进以绿色生产、绿色采购和绿色消费为重点的绿色供应链环境管理。研究制定政策支持措施和标准规范，促进生态产品和绿色产品生产，加快构建绿色供应链产业体系。要以政府、企业绿色采购和公众绿色消费为引导，利用市场杠杆效应，带动产业链上下游采取节能环保措施，从全产业链进行绿色化改造，降低污染排放和环境影响，促进企业绿色转型升级。

鼓励各地学习借鉴上海、天津、深圳、东莞等地工作经验，选择排污量大、产业链长、绿色转型潜力大的行业、工业园区，充分发挥链主企业和龙头企业牵头作用，组织推行绿色供应链环境管理试点。鼓励互联网电商推行有各自特色的绿色供应链环境管理，引导有机食品生产和供应，推进绿色消费。

（十五）实施差别化排污收费政策。各级环保部门要充分发挥排污收费经济杠杆作用，协调完善排污收费政策，调动企业治污减排积极性。

全面落实差别化排污收费政策。企业超标或超总量排放污染物的，除依法实施其他处罚外，还要加一倍征收排污费。同时存在超标和超总量排污的，加两倍征收排污费。企业生产工艺装备或产品属于淘汰类的，要加一倍征收排污费。企业污染物排放浓度低于排放限值50%以上的，减半征收排污费。研究增加排污收费种类，推动对挥发性有机物和施工扬尘等征收排污费。

鼓励各地研究制定季节性、区域性排污收费政策。在采暖季适当提高主要大气污染物排污费征收标准，引导有条件的企业“错季”生产。京津冀、长三角等重点区域内的排污费征收标准应大幅提升并逐步统一。

（十六）加强企业环境信用体系建设。各级环保部门要全面落实国务院关于推进社会信用体系建设的部署和要求，加快建立企业环保守信激励、失信惩戒机制，强化部门协同监管、联合惩戒。

建立弘扬和激励诚信行为机制。引导和支持行业协会开展企业自律、绿色升级转型等活动。对环境信用记录好、信用评级高的诚信企业，每年可集中进行宣传报道，并在日常检查、专项检查活动中适当减少检查频次，降低抽检率。

健全约束和惩戒失信行为机制。依法依规加强对环保失信行为的行政约束和惩戒，对存在违法违规记录等失信主体，从严、从细审核环境影响评价等行政许可审批项目，加大执法抽查频次和抽检比例，限制申请财政资金支持的项目。加强对环保失信行为的市场性约束和惩戒，及时公开披露其相关信息，协助征信机构纳入信用记录和信用报告，引导银行、证券、保险等金融机构对其提高贷款利率和保险费率，限制提供贷款、保荐、保险等服务。

加强部门联动。各级环保部门要将企业的环保守信和失信行为，及时向社会公开，并向同级发展改革、财政、工业和信息化、工商、贸易、银监、证监、税务等部门通报，最大限度发挥守信联合奖励和失信联合惩戒作用，使守信者处处受益，失信者时时受限。

（十七）完善环境监管执法机制。全面推行“双随机”制度。对企业的日常监管执法，采取随机抽取检查对象、随机选派执法检查人员方式开展。市、县两级环保部门要在建立完善监管企业信息库基础上，科学合理确定抽查比例和频次。

要将依法严惩违法行为、加大信息公开作为“双随机”制度的核心。对于偷排偷放、非法排放有毒有害污染物、非法处置危险废物、故意不正常使用防治污染设施超标排污、伪造或篡改环境监测数据等恶意环境违法行为，要加大惩处力度，依法实施按日计罚、限产停产、查封扣押等措施，并向社会公开执法监管情况、违法违规单位及其法定代表人名单等信息。对造成重大环境污染事件、存在恶意环境违法行为等涉嫌环境违法犯罪的，在移交移送司法机关追究刑事责任的同时，要支持社会组织依法提起公益诉讼，维护和保障公平竞争的市场环境。

（十八）严格监督检查。加大对环境质量改善不力地区环境监管执法情况的监督检查力度，督促其严格监管执法、依法处罚违法行为。

对于环境违法违规案件查处较少且环境质量一段时期得不到有效改善的地市，我部将适时进行函询，要求相关地市政府说明情况。对于环境保护工作不够有力且环境质量一段时期不升反降的地市，我部将公开约谈当地政府主要负责人，责成加大环境保护力度，推进整改工作。

环境保护部

2016 年 4 月 14 日

环境保护部关于推进环境污染第三方治理的实施意见

环规财函〔2017〕172 号

各省、自治区、直辖市环境保护厅（局），计划单列市环境保护局，新疆生产建设兵团环境保护局：

为加快推进和规范环境污染第三方治理（以下简称第三方治理），根据《国务院办公厅关于推行环境污染第三方治理的意见》（国办发〔2014〕69 号）要求，现提出以下实施意见。

一、总体要求

（一）指导思想。贯彻落实党的十八大、十八届二中、三中、四中、五中和六中全会精神，按照“五位一体”总体布局和“四个全面”战略布局，积极推进生态文明建设，大力实施大气、水、土壤污染防治行动计划，以改善环境质量为核心，加快实施一批生态环境保护重大工程。以环境污染治理“市场化、专业化、产业化”为导向，推动建立排污者付费、第三方治理与排污许可证制度有机结合的污染治理新机制，引导社会资本积极参与，不断提升治理效率和专业化水平。

（二）基本原则。

坚持排污者担负污染治理主体责任。排污者担负污染治理主体责任，并根据污染物种类、数量和浓度，承担污染治理费用。第三方治理单位按照有关法律法规和标准以及排污单位的委托要求，承担合同约定的污染治理责任。排污者与第三方治理单位通过合同约定，建立相互督促、共同负责的市场运行机制。

坚持监管执法和信息公开相结合。全面落实环境保护法律法规，严格执行污染物排放标准，强化监管和环保执法，着力规范市场秩序，营造良好的第三方治理市场环境，全面推进第三方治理信息公开，积极引导新闻媒体、公众和民间机构参与环境污染治理监督。

坚持政策引导与先行先试。在坚持市场化运作的基础上，有针对性地制定和完善绿色金融、项目储备库、第三方治理典型案例目录等政策措施，对第三方治理进行引导和支持，并开展试点示范，及时推广成熟经验及做法。

二、明确第三方治理责任

（三）责任界定。排污单位承担污染治理的主体责任，可依法委托第三方开展治理服务，依据与第三方治理单位签订的环境服务合同履行相应责任和义务。第三方治理单位应按有关法律法规和标准及合同要求，承担相应的法律责任和合同约定的责任。第三方治理单位在有关环境服务活动中弄虚作假，对造成的环境污染和生态破坏负有责任的，除依照有关法律法规规定予以处罚外，还应当与造成环境污染和生态破坏的其他责任者承担连带责任。在环境污染治理公共设施和工业园区污染治理领域，政府作为第三方治理委托方时，因排污单位违反相关法律或合同规定导致环境污染，政府可依据相关法律或合同规定向排污单位追责。

（四）第三方治理合同的签订和执行。政府或排污单位与第三方治理单位应依据相关法律法规，参考国家发展和改革委员会、环境保护部等部委联合印发的《环境污染第三方治理合同（示范文本）》签订环境服务合同，明确委托事项、治理边界、责任义务、相互监督制约措施及双方履行责任所需条件，并设立违约责任追究、仲裁调解及赔偿补偿机制。政府或排污单位可委托各方共同认可的环境检测机构对治理效果进行评估，作为合同约定的治理费用的支付依据。

三、规范企业排放技术和管理要求

（五）完善细化排放要求和技术规范。根据排污许可管理制度，环保部门可督促排污单位按照法律、行政法规和国务院环境保护主管部门的规定设置排污口，进行污染源排放口规范化整治或建设工作，妥善保存原始记录，建立准确完整的环境管理台账记录。以排污单位依法自行建立台账记录和环保部门建立日常现场监督检查记录相结合的方式，完善监督管理建档机制。

（六）规范污染治理设施运行。排污单位与第三方治理单位应确保环保设施的正常运行，不得无故停运。因改造、更新、维护、维修环保设施或其他特殊情况需暂停环保设施运行的，第三方治理单位应按照合同约定向排污单位报告。第三方治理单位应按照合同约定建立台账记录，记录环保设施运行和维护情况、在线监测数据等能够反映环保设施运行情况的必要材料。

四、加强环境监管和信息公开

（七）进一步加大环境监管执法力度。全面落实环境保护法律法规，加大执法力度。贯彻落实大气、水、土壤污染防治行动计划，开展重点行业环保专项执法检查，严格按照“双随机，一公开”要求开展环保日常监管，引导排污企业委托第三方治理，自觉履行治理污染的责任和义务。严格依照有关规定执行相关排放标准和特别排放限值，对超过污染物排放标准或超过重点污染物排放总量控制指标排放污染物的，依法责令其采取限制生产、停产整治等措施；情节严重的，报经有批准权的人民政府批准，责令停业、关闭。将污染治理设备设施和监测设备设施连续稳定运行等情况纳入环境监管重点，着力查处污染治理设备设施或监测设备设施建而不用、时开时停等违法行为。对偷排偷放、非法排放有毒有害污染物、非法处置危险废物、不正常使用防治污染设施、伪造或篡改环境监测数据等恶意违法行为，依法严厉处罚；对负有连带责任的环境服务第三方治理单位，应依法追责。对重大典型案件要加大媒体曝光力度。

（八）鼓励第三方治理信息公开。环境保护部及省级环境保护部门加快推进第三方治理信息公开，构建第三方治理信息平台。鼓励第三方治理单位在平台公开本单位基本情况、第三方治理项目内容、项目验收情况等内容。各级环境保护部门应及时公开随机抽查情况和处理结果。完善有奖举报制度和投诉受理机制。省级环境保护部门可委托专业机构对第三方治理单位的污染治理效果进行评估，依法依规公布治理效果不达标、技术服务能力弱、运营管理水平低、综合信用差的第三方治理单位名单。研究将第三方治理单位违法违规信息纳入相关信用信息共享平台。

五、创新第三方治理机制和实施方式

（九）探索实施限期第三方治理。在京津冀、长三角及珠三角等重点区域试点实施限期第三方治理，对因污染物超过排放标准或总量控制要求，被环境保护主管部门责令限制生产、停产整治且拒不自行治理污染的排污单位，环境保护部门在依法处罚的同时，可督促其实施限期第三方治理。

（十）培育企业污染治理新模式。积极推行资源化处置方式，探索效益共享型环境绩效合同服务模式。鼓励第三方治理单位提供包括环境污染问题诊断、污染治理方案编制、污染物排放监测、环境污染治理设施建设、运营及维护等活动在内的环境综合服务。鼓励研发和推广环境污染治理新技术新工艺，降低第三方治理成本。以工业园区等工业集聚区为突破口，鼓励引入第三方治理单位，对区内企业污水、固体废弃物等进行一体化集中治理。以《“十三五”生态环境保护规划》确定的造纸、建材等十五个高污染行业为切入点，鼓励引入第三方治理单位开展专业化污染治理，以多种形式实践第三方治理模式。

（十一）支持第三方治理单位参与排污权交易。建立健全排污权有偿使用制度，积极完善排污权交易试点，通过市场调节不同经济主体利益，为第三方治理单位创造利润空间。第三方治理取得的污染物减排量，计入排污单位的排污权账户，由排污单位作为排污权的交易和收益主体。支持第三方治理单位通过合同约定，合理分享排污单位排污权交易收益。

六、加强政策支持和引导

（十二）鼓励绿色金融创新。鼓励地方设立绿色发展基金，积极引入社会资本，为第三方治理项目提供融资支持。探索引入第三方支付机制，依环境绩效付费，保障排污单位和第三方治理单位权益。依法依规在环境高风险领域建立环境污染强制责任保险制度。鼓励保险机构发挥在环境风险防范方面的积极作用，对企业开展“环保体检”，为加强环境风险监督提供支持。

（十三）积极开展试点示范。结合环境服务业试点，积极探索第三方治理模式，以大气、水、土壤污染防治领域为重点，选择有条件的地区和行业组织实施第三方治理试点示范。积极从国民经济和社会发展规划，大气、水、土壤污染防治行动计划等既定规划计划中遴选潜在项目，建立环境污染第三方治理试点项目储备库，纳入相关污染防治专项资金支持。对拟申请纳入第三方治理试点项目储备库的项目，由申请单位或由申请单位委托专业机构编制实施方案。

（十四）编制发布第三方治理典型案例目录。国家和省级环境保护主管部门征集和遴选第三方治理典型案例，编制发布第三方治理典型案例目录，帮助和引导排污企业开展第三方治理工作。

七、加强组织实施

（十五）强化组织协调。各级环境保护部门要充分认识推行环境污染第三方治理的重大意义，加强组织领导，健全工作机制，强化部门协同、信息共享和上下联动，共同推进环境污染第三方治理工作。各地要建立推行第三方治理工作组织协调机制，研究制订具体实施方案，细化政策措施，营造有利于第三方治理模式推行的市场和政策环境，充分调动各类主体的积极性。

（十六）总结推广经验。各级环境保护部门应密切跟踪第三方治理制度和模式建立及推广情况，及时协调、解决存在的困难和问题，定期总结第三方治理的成功经验，注重培育在第三方治理领域有实用化、专业化治理技术和成功经验的优秀环保企业，及时推广成熟经验和做法，全面建立排污者付费、第三方治理与排污许可证制度有机结合的治污新机制，努力改善环境质量。

环境保护部

2017年8月9日